Abed Al Majeed Dayoub

Realisierung von Schienenbahnen in Entwicklungsländern

Abed Al Majeed Dayoub

Realisierung von Schienenbahnen in Entwicklungsländern

Dargestellt am Beispiel, Syrien

Südwestdeutscher Verlag für Hochschulschriften

Impressum/Imprint (nur für Deutschland/only for Germany)
Bibliografische Information der Deutschen Nationalbibliothek: Die Deutsche Nationalbibliothek verzeichnet diese Publikation in der Deutschen Nationalbibliografie; detaillierte bibliografische Daten sind im Internet über http://dnb.d-nb.de abrufbar.
Alle in diesem Buch genannten Marken und Produktnamen unterliegen warenzeichen-, marken- oder patentrechtlichem Schutz bzw. sind Warenzeichen oder eingetragene Warenzeichen der jeweiligen Inhaber. Die Wiedergabe von Marken, Produktnamen, Gebrauchsnamen, Handelsnamen, Warenbezeichnungen u.s.w. in diesem Werk berechtigt auch ohne besondere Kennzeichnung nicht zu der Annahme, dass solche Namen im Sinne der Warenzeichen- und Markenschutzgesetzgebung als frei zu betrachten wären und daher von jedermann benutzt werden dürften.

Coverbild: www.ingimage.com

Verlag: Südwestdeutscher Verlag für Hochschulschriften GmbH & Co. KG
Heinrich-Böcking-Str. 6-8, 66121 Saarbrücken, Deutschland
Telefon +49 681 37 20 271-1, Telefax +49 681 37 20 271-0
Email: info@svh-verlag.de

Zugl.: Berlin, TU, Diss., 2011

Herstellung in Deutschland (siehe letzte Seite)
ISBN: 978-3-8381-3236-5

Imprint (only for USA, GB)
Bibliographic information published by the Deutsche Nationalbibliothek: The Deutsche Nationalbibliothek lists this publication in the Deutsche Nationalbibliografie; detailed bibliographic data are available in the Internet at http://dnb.d-nb.de.
Any brand names and product names mentioned in this book are subject to trademark, brand or patent protection and are trademarks or registered trademarks of their respective holders. The use of brand names, product names, common names, trade names, product descriptions etc. even without a particular marking in this works is in no way to be construed to mean that such names may be regarded as unrestricted in respect of trademark and brand protection legislation and could thus be used by anyone.

Cover image: www.ingimage.com

Publisher: Südwestdeutscher Verlag für Hochschulschriften GmbH & Co. KG
Heinrich-Böcking-Str. 6-8, 66121 Saarbrücken, Germany
Phone +49 681 37 20 271-1, Fax +49 681 37 20 271-0
Email: info@svh-verlag.de

Printed in the U.S.A.
Printed in the U.K. by (see last page)
ISBN: 978-3-8381-3236-5

Copyright © 2012 by the author and Südwestdeutscher Verlag für Hochschulschriften GmbH & Co. KG and licensors
All rights reserved. Saarbrücken 2012

Kurzfassung

Heutzutage ist die Mobilität als ein Indikator für die wirtschaftliche Entwicklung eines Landes anzusehen. Mobilität bedeutet Wachstum und Beschäftigung für die Wirtschaft, Freiheit und Lebensqualität für die Menschen. Das ist unmittelbar abhängig von der Leistungs- und Wettbewerbsfähigkeit der Verkehrssysteme.

Eines der Grundprobleme der Entwicklungsländer (EL) ist die Verkehrssituation. Die Verbesserung der inneren Lebensverhältnisse, der internationalen Verflechtung unter Berücksichtigung der Globalisierung und die Erschließung ihrer Ressourcen ist wesentlich mit der Lösung dieses Problems verbunden.

Unter Berücksichtigung der häufig beobachteten Engpässe auf den Straßen, der dramatischen Unfallzahlen im Straßenverkehr, des hohen Flächen- und Landschaftsverbrauchs und der Belastung von Mensch und Natur durch Schadstoffemissionen und Verkehrslärm, und für die Verringerung der verkehrsbedingten Umweltbelastungen, für eine effiziente Energieeinsparung im Personen- und Güterverkehr und Verlagerung auf umweltfreundliche Verkehrsmittel, sollte die Schiene eine große Bedeutung und eine positive Position haben.

Für Realisierung von Schienenbahnprojekten in EL müssen die notwendigen finanziellen Ressourcen verfügbar sein. Diese Ressourcen sollen jedoch nicht unbedingt vom Staat, sondern teilstaatlich oder durch private Akteure und ausländische Investitionen getragen werden. Die Hersteller von Infrastruktur und Fahrzeugen, die Banken und Fondsgesellschafen können in EL neue Märkte erschließen, solche Investitionen mitfinanzieren und ihre Erfahrungen im Eisenbahnbereich in diesen Ländern umsetzen.

In dieser Arbeit wurde untersucht, wie und unter welchen Kriterien die Eisenbahnen in EL realisiert werden können und wie die Schiene ihre Chance im Spannungsfeld von Bedarf, Nutzen und Kosten in diesen Ländern finden kann, mit Berücksichtigung der politischen, wirtschaftlichen, ökologischen, demografischen und geografischen Lage des Landes. Es wurde Syrien am Beispiel detaillierter dargestellt.

Das Problem „Korruption" wurde besonders betont, da es ein Kernproblem für die Wirtschaft und Gesellschaft in den EL ist.

Abstract

Today, mobility is regarded as an indicator of the economic development of a country. Mobility means growth and activity for the economy, liberty and quality of life for the people. This is directly related to the performance and competitiveness of transport systems.

One of the basic problems of developing countries (EL) is the traffic situation. The improvement of internal living conditions, of international involvement especially due to globalization and the development of their resources are essentially related to the solution of this problem.

Considering the frequently observed bottlenecks and the dramatic number of accidents on the roads, the exploitation of areas of land and rural landscapes, the impact on man, the nature of polluting emissions and traffic noise, the reduction of transport on environmental pollution, then the railway should take up an important and a positive position for efficient energy-saving in passenger and freight transport and shift to environmentally friendly transport.

For the realization of railway projects in the developing countries, the necessary financial resources must be available. These resources should not necessarily come exclusively from the state, but be partially supported by it, as well as by private actors and foreign investment. The manufacturers of infrastructure and vehicles, banks and fund companies can tap into new markets in developing countries, co-finance such projects and utilise their experience in the rail sector in these countries.

In this study, I investigated into how and with what criteria the railway in the developing countries can be realized and how it can find its chance in the conflict of interests between need, benefit and costs, taking the demographical, economical, ecological, geographical and political situation of the country into consideration.

Syria has been presented in greater detail as an example.

The problem "corruption" was particularly emphasized since it is a central problem for the economy and society in the EL.

Danksagung

Am Ende dieser Fahrt, möchte ich mich bei allen Leuten, die einen Einfluss auf meine Arbeit und meinen Aufenthalt in Deutschland hatten, bedanken:
- Prof. Siegmann für seine Betreuung,
- dem Erasmus Mundus Team der Fakultät II und allen Beschäftigten in diesem Programm für die finanzielle Unterstützung meines Aufenthaltes in Deutschland während meiner Promotion,
- allen Freunden und Bekannten innerhalb und außerhalb der TU Berlin, die meinen Aufenthalt erleichtert haben,
- meiner Frau Rim, mit ihr unsere Ziele zu teilen,
- meinen Kindern Jad und Taim, die größte Bedeutung in meinem Leben.

Auf der anderen Seite meinen Eltern vom tiefen Herzen auf Ewig zu danken. Auch meinen Brüdern, meinen Schwestern und meinen Freunden, die für mich wertvolle Schätze sind.

Inhaltsverzeichnis

KURZFASSUNG I

ABSTRACT II

DANKSAGUNG III

INHALTSVERZEICHNIS V

ABBILDUNGSVERZEICHNIS IX

TABELLENVERZEICHNIS XII

ANHANGVERZEICHNIS XIV

ABKÜRZUNGSVERZEICHNIS XV

1. EINLEITUNG 1

1.1 Problemstellung und Zielsetzung 2

1.2 Forschungsmethoden 5

1.3 Aufbau der Arbeit 6

2. DEFINITION UND KLASSIFIZIERUNG 8

2.1 Industrieländer 9

2.2 Schwellenländer 10

2.3 Entwicklungsländer 11

3. GRUNDSÄTZLICHE DATEN UND MERKMALE FÜR EL 13

3.1 Gemeinsame Merkmale der EL 13

3.2 Korruption 15

3.3	Demografische Daten in den ausgewählten EL	18
3.4	Ökonomische Merkmale der ausgewählten EL	21

4. VERKEHRSLAGE IN EL 24

4.1	Charakterisierung der Verkehrssituation in EL	25
4.2	Straßenverkehr in EL	26
4.2.1	Motorisierter Straßenverkehr in EL	28
4.2.2	Nichtmotorisierter Straßenverkehr	28
4.2.3	Bestand an Pkw in ausgewählten EL	29
4.3	Schienenbahnenlage in EL	32

5. EINSATZ UND BEDEUTUNG DER SCHIENE IN DER VERKEHRSPLANUNG 35

5.1	Grundsätzliche Aspekte in der Verkehrsplanung	35
5.1.1	Städtische Verkehrspolitik	36
5.1.2	Ziele und Aufgaben der Verkehrsplanung	37
5.1.3	Verkehrsstrukturplanung	37
5.1.4	Einflussgröße auf der Verkehrsnachfrage	39
5.1.5	Hauptparameter der Verkehrsträger	40
5.1.6	Wechselbeziehungen zwischen Verkehr und sozioökonomischen Effekten	40
5.2	Indikatoren für den Bedarf von Schienenbahnen	42
5.3	Marktbereich der Bahn	43
5.4	Vor- und Nachteile des Eisenbahnsystems	44
5.4.1	Ökologische Aspekte	45
5.4.1.1	CO_2 Emissionen	46
5.4.1.2	Energieverbrauch	48
5.4.1.3	Flächenverbrauch	51
5.4.2	Demografische Aspekte	52
5.4.2.1	Bevölkerungswachstum	52
5.4.2.2	Verkehrangebot und Siedlungsstruktur	53
5.4.2.3	Verkehrsangebot- und Nachfrage	54
5.4.2.4	Prognose des Verkehrsaufkommens	55
5.4.3	Verkehrliche Aspekte	57
5.4.4	Sicherheitsaspekte	58

5.5   Geografische Aspekte 59
   5.5.1   Topografische Lage   59
   5.5.2   Geografische Position   60

5.6   Politische Aspekte 60

5.7   Zunehmendes Interesse an Eisenbahnen 62

5.8   Bedarf nach Schienenpersonennahverkehr 65
   5.8.1   Kategorisierung von Bahnsystemen (innerorts)   67
   5.8.2   Aufteilung der Verkehrsaufgaben in Stadtregionen   68

6. SCHIENENVERKEHR UND DIE WIRTSCHAFT IN EL 69

6.1   Kostenstrukturmerkmale der Eisenbahn 69

6.2   Die gesamten externen Kosten des Verkehrs 70

6.3   Investitionen in die Schiene 74

6.4   Beitrag der Schiene für die Wirtschaft 75

6.5   Zahlungsbereitschaft 76
   6.5.1   Verkehr und Einkommen   77
   6.5.2   Subvention vom Staat   79
   6.5.3   Verwaltungs- und Finanzierungsmöglichkeiten in den Eisenbahninvestitionen   81
      6.5.3.1   Beitrag der Privatwirtschaft 81
      6.5.3.2   Build-Operate-Transfer System B.O.T. 86
      6.5.3.3   Public-Private-Partnership Modell, P.P.P. 87
   6.5.4   Bedeutung der Zusammenarbeiten zwischen den Entwickelten- und Entwicklungsländern 89
   6.5.5   Ausbrechen des wirtschaftlichen Teufelkreises   92

7. SYRIEN ALS BEISPIEL FÜR DIE CHANCE DER EISENBAHN IN EL
.... 95

7.1   Syrien im Überblick 95

7.2   Verkehrslage in Syrien 96
   7.2.1   Straßenverkehr in Syrien   98
      7.2.1.1   Entwicklung des Straßennetzes 101
      7.2.1.2   Straßenverkehrsunfälle in Syrien 101
      7.2.1.3   Straßenfahrzeuge 102

7.3	Seeverkehr in Syrien	104
7.4	Luftverkehr in Syrien	104
7.5	Schienenverkehr in Syrien	105
7.5.1	Historischer und politischer Überblick	105
7.5.2	Haupteigenschaften der syrischen Eisenbahn	109
7.5.3	Wichtige Kennziffern im syrischen Schienenverkehr	110
7.5.4	Das Schienennetz in Syrien	111
7.5.5	Schienenfahrzeuge in Syrien	114
7.5.6	Schienenpersonenverkehr in Syrien	114
7.5.7	Schienengüterverkehr	118
7.5.8	Leistungsfähigkeiten der syrischen Eisenbahn	120
7.5.9	Hauptprobleme der syrischen Eisenbahn	123
7.5.9.1	Planerische Probleme	123
7.5.9.2	Wirtschaftliche Probleme	124
7.5.9.3	Technische Probleme	126
7.5.9.4	Besondere Probleme	128
7.5.10	Zukünftige Strategie und Plan der syrischen Eisenbahngesellschaft	128
7.6	Syrien als positives Beispiel für Verbesserung der Eisenbahn	130
7.6.1	Inländische Entfernungen und demografische Konzentrationen	131
7.6.2	Gründe für SPNV in den Großstädten Syriens	134
8.	**KATALOG DER KRITERIEN UND MAßNAHMEN FÜR DIE REALISIERUNG DER SCHIENENBAHNEN IN EL**	**136**
8.1	Grundsätzliche Indikatoren und Rahmenbedingungen	136
8.1.1	Sicherheit und politische Stabilität des Landes	136
8.1.2	Lebensbedingungen im Lande	139
8.1.3	Umweltsituation im Land	141
8.1.4	Ressourcen des Landes	141
8.1.5	Die geografische Lage des Landes	142
8.2	Rechnerische Angaben	142
8.3	Umsetzungsmöglichkeiten -und Maßnahmen	145
8.3.1	Wirtschaftliche und politische Aufgaben	145
8.3.2	Planung-, Betrieb-, Management- und Marketingsaufgaben	146
8.3.3	Wissenschaftliche und technische Aufgaben	147
8.4	Ergebnisse und Diskussion	149

8.5   Zusammenfassung 153

LITERATURVERZEICHNIS 155

ANHÄNGE 160

Abbildungsverzeichnis

Abbildung 1: Die Bahn in Spannungsfeld von Bedarf, Nutzen und Kosten 4

Abbildung 2: Korruption ist ein gefährliches Phänomen in allen EL, ... 17

Abbildung 3: eine Korruptions-Perspektive im Eisenbahnsektor in Syrien 17

Abbildung 4: Situation des Straßenverkehrs in EL 27

Abbildung 5: verstopfte Straßen in Syrien trotz des kleinen Bestandes an Pkw 29

Abbildung 6: Schrittgeschwindigkeit in den Städten Syriens 31

Abbildung 7: das Spektrum der städtischen Verkehrspolitik 36

Abbildung 8: Verkehrsplanungshierarchie 38

Abbildung 9: Wechselbeziehungen zwischen Verkehr und sozioökonomischen Effekten
.... 41

Abbildung 10: Marktbereich der Bahn in Vergleich zu Straßen-, und Luftverkehr 44

Abbildung 11: Anteil des Verkehrs von Gesamt-CO_2-Emissionen 46

Abbildung 12: CO_2-Emissionen im Personenverkehr in Europa (CO_2 in g/Pkm) 48

Abbildung 13: CO_2-Emissionen im Güterverkehr in Europa (CO_2 in g/tkm) 48

Abbildung 14: Primärenergieverbrauch im Personenverkehr, Dieseläquivalent in l/Pkm
.... 50

Abbildung 15: Primärenergieverbrauch im Güterverkehr, Dieseläquivalent in l/tkm ... 50

Abbildung 16: Wechselbeziehungen zwischen Verkehrsbedarf, Mobilität, Raumentwicklung und Verkehrsmittel 53

Abbildung 17: existierende (durchgehend) und geplante (gepunktet) Eisenbahnlinien in der Region Naher Osten und Nordafrika (MENA) 65

Abbildung 18: Beispiel Kostenaufteilung der Schiene in Deutschland 70

Abbildung 19: Externe Kosten des Personenverkehrs in Deutschland in 2005 in Euro pro 1.000 Pkm (ohne Staukosten) 72

Abbildung 20: Externe Kosten des Güterverkehrs in Deutschland in 2005 in Euro pro 1.000 tkm 73

Abbildung 21: Abbildung 22: Gesamte Externe Kosten des Verkehrs in Deutschland 2005 in Mrd. € 73

Abbildung 23: Verkehrsleistung der privaten Eisenbahnen in Deutschland in Mio. Personenkilometer 85

Abbildung 24: Verkehrsleistung der privaten Eisenbahnen in Deutschland in % des gesamten Eisenbahnverkehrs 85

Abbildung 25: Kapitalknappheit in EI nach Nurske-Teufelkreis 93

Abbildung 26: möglicher Ausbruch aus dem Teufelkreis 94

Abbildung 27: Landkarte Syriens 96

Abbildung 28: Straßenverkehr in Syrien 100

Abbildung 29: Entwicklung des Straßennetzes in Syrien 101

Abbildung 30: Straßenverkehrsunfälle in Syrien 102

Abbildung 31: Straßenfahrzeuge nach Städte in Syrien 103

Abbildung 32: Seeverkehr in Syrien, Stand 2009 104

Abbildung 34: Bagdadbahn, Türkei, Syrien, Irak; 106

Abbildung 35: das heutige syrische Eisenbahnnetz 112

Abbildung 36: Entwicklung der Streckenlänge in Syrien 113

Abbildung 37: das syrische Eisenbahnnetz mit der Strecke zwischen Deir-ez-zor und Abu Kamal 113

Abbildung 38: Entwicklung des Schienenpersonenverkehrs in Syrien (P), ... 115

Abbildung 39: Schienenpersonenverkehr in Syrien (Pkm) 115

Abbildung 40: Vergleich zwischen der Spitze (1991) und dem Tiefpunkt (1998) 116

Abbildung 41: Planung & Durchführung des Schienenpersonenverkehrs in Syrien ... 117

Abbildung 42: Entwicklung des Schienengütervolumens in Syrien (1000 t) 119

Abbildung 43: Entwicklung des Schienengütervolumen in Syrien (1000 tkm) 119

Abbildung 44: Leistungen und Kosten bei der syrischen Eisenbahn 122

Abbildung 45: konstruktiv mangelhafte Schienenstrecken in Syrien 127

Abbildung 46: Erweiterung des syrischen Schienennetzes geplant bis 2020 129

Abbildung 47: Welthungerindex 2010 140

Abbildung 48: Katalog der Kriterien für Realisierung der Schienenbahnen in EL 144

Tabellenverzeichnis

Tabelle 1: Demografische Daten der ausgewählten Länder mit Vergleich zu Deutschland 19

Tabelle 2: Bevölkerungszählung und Geburtenraten in der Welt 20

Tabelle 3: ökonomische Merkmale in EL mit Vergleich zu Deutschland 22

Tabelle 4: prognostiziertes Wirtschaftswachstum in 2010 und 2011 23

Tabelle 5: Bestand an Pkw in ausgewählten EL Stand 2008 30

Tabelle 6: Schienenbahnenlage in den ausgewählten EL, Stand 2008 33

Tabelle 7: Leistung der Eisenbahn in EL bezüglich Zkm/a im Vergleich zu Deutschland 34

Tabelle 8: Treibhausgasemissionen des Transportsektors in Deutschland 47

Tabelle 9: Kategorisierung von Bahnsystemen in Deutschland 67

Tabelle 10: Anhaltswerte für den Einsatz unterschiedlicher Verkehrsmitte 68

Tabelle 11: Gesamtexternkosten nach Kostenkategorie und Verkehrsträger in Deutschland 72

Tabelle 12: Verkehrsmittel des ÖPNV in Syrien 98

Tabelle 13: Straßenfahrzeuge in Syrien 103

Tabelle 14: Luftverkehr in Syrien, Stand 2009 104

Tabelle 15: Eigenschaften der syrischen Eisenbahn 109

Tabelle 16: wichtige Kennziffern im syrischen Schienenverkehr 110

Tabelle 17: aktuelle Schienenstrecken in Syrien 111

Tabelle 18: Die Schienengüterbeförderung in Syrien 118

Tabelle 19: Leistungen und Kosten bei der syrischen Eisenbahn 121

Tabelle 20: Beitrag des Verkehrsektor im BIP in Syrien 125

Tabelle 21: geplante Schienen-Beförderungsvolumen bei der syrischen Eisenbahngesellschaft bis 2020 129

Tabelle 22: Bevölkerungswachstum in Syrien 130

Tabelle 23: Entfernungen und demografische Konzentrationen in den syrischen Städten 131

Anhangverzeichnis

Anhang 1: Einteilung der Länder nach Volkswirtschaft und Einkommen 162

Anhang 2: OECD-Mitglieder 164

Anhang 3: die zwanzig wichtigsten Industrie- und Schwellenländer (G20) 165

Anhang 4: Zug-Fahrplan in Syrien, Stand 05.2010 169

Anhang 5: Zugverbindung zwischen Syrien und den Nachbarländern 170

Anhang 6: Fahrpreise bei der syrischen Eisenbahngesellschaft, Stand 05.2010 173

Anhang 7: verschiedene Fahrkarten bei der syrischen Eisenbahngesellschaft 174

Abkürzungsverzeichnis

ABS	Ausbaustrecke
AUR	Arab Union of Railways
B.O.T.	Build-Operate-Transfer System
BIP	Bruttoinlandsprodukt
BMZ	Bundesministerium für wirtschaftliche Zusammenarbeit und Entwicklung
BSP	Bruttosozialprodukt
BVWP	Bundesverkehrswegeplan
bzw.	beziehungsweise
CER	Gemeinschaft Europäischer Bahnen
CFH	Al Hijaz Eisenbahngesellschaft (Chemine de fer Hedjas)
CFS	syrische Eisenbahngesellschaft (Chemins de fer Syriens)
DEG	Deutsche Investitions- und Entwicklungsgesellschaft
EL	Entwicklungsländer
ESCWA	Economic and Social Commission for Western Asia
EU	Europäische Union
GCC	Gulf Cooperation Council (Golfkooperationsrat)
ggf.	gegebenenfalls
HGV	Hochgeschwindigkeitsverkehr
HVZ	Hauptverkehrszeit
i.d.R.	In der Regel
IL	Industrieländer
JICA	Japan International Cooperation Agency
k.A.	Keine Angaben
Kfz	Kraftfahrzeug
Km/h	Kilometer pro Stunde
Lkw	Lastkraftwagen
MENA	Nahe Osten und Nordafrika (Middle East and North Africa)
Mio.	Millionen
MIV	motorisierter Individualverkehr
Mrd.	Milliarde
NBS	Neubaustrecke
NE-Bahnen	Nichtbundeseigene Bahnen

NMV	Nichtmotorisierter Verkehr
o.ä	oder ähnlich
OECD	Organisation for Economic Cooperation and Development
ÖPSV	öffentlicher Schienenpersonenverkehr
P/h/Richtung	Personen pro Stunde pro Richtung
Pkm	Personenkilometer
Pkw	Personenkraftwagen
PNV	Personennahverkehr
PPP	Public-Private-Partnership
rd.	rund
s.o	siehe oben
SANA	Syrian Arab News Agency
SFS	Schnellfahrstrecke
SGV	Schienengüterverkehr
SP	Syrisches Pfund
SPFV	Schienenpersonenfernverkehr
SPNV	Schienenpersonennahverkehr
SPV	Schienenpersonenverkehr
Tfz	Triebfahrzeug
TGV	Train à Grand Vitesse
tkm	Tonnenkilometer
Tp	Trassenpreis
u.v.m	und vieles mehr
UIC	Internationaler Eisenbahnverband (Abk. von *Union internationale des chemins de fer*)
UN	Vereinte Nationen (United Nations)
US $	Amerikanischer Dollar
VCD	Verkehrsclub Deutschland
VZB	Verkehrszahlungsbereitschaft
z.B.	Zum Beispiel

1. Einleitung

Für einen besseren politischen, wirtschaftlichen, kulturellen und wissenschaftlichen Kontakt mit anderen Ländern sind bessere interne und externe Verkehrsverbindungen in und mit den Entwicklungsländern erforderlich.

Nach den deutschen Angaben war das Todesrisiko für Insassen eines Pkw 60-mal höher als für Bahnreisende im Jahresdurchschnitt 2004 bis 2009. Beim Verletzungsrisiko ist der Abstand noch deutlicher zu merken. Die Wahrscheinlichkeit auf einer Fahrt zu verunglücken ist bei jeder Autofahrt rund 100-mal höher als bei einer Bahnfahrt. Auch der Abstand zwischen Bus und Bahn ist spürbar: Das Todesrisiko für Businsassen ist im Vergleich zur Bahn viermal, das Verletzungsrisiko sogar 28-mal höher[1]. Die getöteten Reisenden pro Mrd. Personenkilometer (Pkm) sind 2,1 im Luftfahrtbereich, 7,7 auf der Straße und 0,8 bei der Eisenbahn[2].

Grundsätzlich ist der Transport auf der Schiene umweltverträglicher als auf der Straße. Der geringe Rollwiderstand von Rad und Schiene, die kreuzungsarmen Strecken und die effizientere und emissionsärmer werdende Stromerzeugung – all das wirkt sich zu Gunsten der Schiene aus. So verbrauchen Privatautos im Schnitt doppelt so viel Treibstoff für die gleiche Strecke wie der ÖPNV (Bus, Straßenbahn und Eisenbahn) je Person, entsprechend ist auch das Verhältnis bei den CO_2-Emissionen. Der Schlüsselfaktor für die Umweltfreundlichkeit und nicht zuletzt auch für die wirtschaftliche Effizienz eines Verkehrsmittels ist der Auslastungsgrad. Je mehr Menschen mitfahren, desto besser die Klimabilanz[3].

In den Industrieländern steigen die Schienenverkehrleistungen, sowohl im Personen- als auch im Güterverkehr[4]. Von der Schnelligkeit her kann die Bahn heute mit ihren Hochgeschwindigkeiten ein Maß an Mobilität bieten, wie es vor wenigen Jahren nur vom

---

[1] http://www.allianz-pro-schiene.de/presse, Zugriff 21.12.2010

[2] J. Siegmann: Grundlagen des Schienenverkehrs, SS 2009

[3] VCD Bahntest 2009: Die Mobilitätsbedürfnisse von Fahrgästen und potenziellen Fahrgästen der Bahn

[4] http://www.allianz-pro-schiene.de/infrastruktur/europavergleich-scheneninvestitionen, Zugriff 21.12.2010

Flugzeug geboten wurde. Die Kapazität ist bei der Bahn als ein großer Vorteil anzusehen. Im Jahr 2008 wurden 2,2 Milliarden Fahrgäste im Eisenbahnnahverkehr in Deutschland befördert[5]. In Anbetracht dieser Rolle und dem Potenzial der Schiene, größere Marktanteile zu gewinnen, **und da die Entwicklungsländer sich zu Recht an den Leitbildern der westlichen Industriestaaten orientieren und die Problemlösungsansätze meist aus den Industrienationen übernommen werden**, vergrößert sich das Interesse, die Schiene in EL weiter zu entwickeln und ihre Konkurrenzfähigkeit gegenüber dem Individualverkehr zu ermöglichen. Deshalb werden in dieser Arbeit Vergleichbeispiele und Philosophien von den hoch entwickelten Ländern, insbesondere von Deutschland, dargestellt. Es ist aber zu analysieren, ob sich die EL die sehr teuren und hochtechnischen Verkehrslösungen leisten können und ob diese Lösungen überhaupt in diesen Ländern einen Sinn haben und wenn ja, welche Strategien und Maßnahmen sinnvoll und realisierbar sind.

Das Verkehrsaufkommen und das Entscheidungsverhalten von Reisenden hinsichtlich der Auswahl des Verkehrsträgers führen zur Stärkung und Unterstützung dieses Verkehrsträgers beziehungsweise Schaffung neuer Linien. Einen höheren Anteil des Verkehrsaufkommens zu gewinnen, ist abhängig von **günstigen Tarifen, hoher Sicherheit, Komfort und attraktiven Reisezeiten.**

1.1 Problemstellung und Zielsetzung

Nach UN-Schätzungen wird sich in Lateinamerika, Afrika und Asien zwischen 2000 und 2025 die Stadtbevölkerung verdoppeln[6]. Im Jahre 2009 lebte erstmals mehr als die Hälfte der Weltbevölkerung in Städten. In fünf Jahren wird es weltweit mehr als 500 Millionenstädte geben. Die Auswirkungen dieser Entwicklung sind deutlicher in den neuen Metropolen, als in den Städten des alten Europas zu sehen[7]. Vielfach geht damit eine Verstärkung der ohnehin drängenden Verkehrsprobleme wie nicht nachhaltigen Verkehrsstrukturen, hohen lokalen Luftbelastungen, Lärm, Staus auch außerhalb der

---

[5] Statistisches Bundesamt, Jahresbuch 2009

[6] R.M. Kaltheier: städtischer Personenverkehr und Armut in Entwicklungsländern, 08/2001, S. 1

[7] C. Petersen, TU international 66, August 2010, S. 3

Hauptverkehrszeiten und abnehmender Verkehrssicherheit für nicht motorisierte Verkehrsteilnehmer einher. In den Groß- und Megastädten der EL steigt der Mobilitätsbedarf mit dem Wachstum der Städte.

Für lange Zeit war die Verkehrspolitik in den meisten Metropolen in EL überwiegend Straßenverkehrspolitik mit deutlicher Förderung des Individualverkehrs und abnehmender Rolle des öffentlichen Verkehrs. Das Auto ist jedoch ein Symbol einer fatalen Entwicklung geworden. Es braucht zu viel Energie, ist umweltschmutzig und ressourcenverschlingend. Trotz der noch geringen landesweiten Motorisierung pro Einwohner im Schnitt in EL (38 Fahrzeuge / 1000 Einwohner im Vergleich zu 585 / 1000 Einwohner in Westeuropa[8] (mehr Details sind Tabelle 5 entnehmen), ist die Verkehrssituation in den meisten Großstädten der Entwicklungsländer hinsichtlich der entsprechenden negativen Folgen für die städtische Wirtschaftsproduktivität, zunehmenden Umweltbeeinträchtigungen durch Schadstoffemissionen und der hohen Raten an Verkehrsunfällen, sowie der geringen Qualität an Sicherheit für Fußgänger und Radfahrer katastrophal. Die schlechten ökonomischen und ökologischen Konsequenzen aufgrund der autoorientierten Verkehrspolitik in EL müssen bewältigt werden. Aber wie kann an die finanziellen und planerischen Probleme herangegangen werden?

Der Titel der Arbeit, insbesondere die Übersetzung des Wortes „Realisierung" ins Arabische, war umstritten. Ein arabischer Eisenbahn-Professor hat angefragt: bedeutet das, dass es keine Schienenbahnen in EL gibt? Dieser Kommentar war ein weiterer Grund und Motiv, mit diesem Thema weiter zu gehen mit der Fragestellung: Gibt es eigentlich Schienenbahnen in EL? Es sind in vielen EL Schienen, Schwellen und Schotter zu sehen aber kein Schienenverkehr. **Die Leistungsfähigkeit des Schienennetzes in diesen Ländern wurde seit den Kolonialzeiten kaum entwickelt.**

Daraus entstand die Kernfrage der Arbeit:

Welche Rolle spielt heute der Schienenverkehr in EL? Inwieweit und wodurch ist es sinnvoll, diese Rolle zu entwickeln?

Wie die Bahn die Fahrgäste in EL überzeugt, wie sie eine positive Marktentwicklung und eine gute Position im Wettbewerb haben kann, ein besseres Niveau sichern und

---

[8] R.M. Kaltheier: städtischer Personenverkehr und Armut in Entwicklungsländern, 08/2001, S. 6

Einleitung

Marktchancen innerhalb und außerhalb des Landes ausbauen kann, ist in dieser Arbeit zu untersuchen.

Ziel der Arbeit ist die Beurteilung der Sinnhaftigkeit des Auf- und/oder Ausbaus der Eisenbahnen in EL und Erarbeitung eines Kataloges für die Kriterien und die Maßnahmen zur ihrer Realisierung in EL.

Durch eine Darstellung der Lage des Verkehrs und eine strukturierte Analyse der Bahnen in mehreren EL, insbesondere Syrien am Beispiel, unter Berücksichtigung, einerseits des Einkommens, der Demographie und Siedlungsstruktur, der Wirtschaftstruktur und der Verkehrsnachfrage jeweils des Landes, und andererseits, der hohen Kosten für den Auf- und Ausbau bzw. den Betrieb der Schienenbahnen, wird erforscht, ob die Schienenbahnen eine vernünftige Verkehrslösung in EL nach dem Bedarf sein kann und, ob sie einen Beitrag heutzutage und in Zukunft für die Wirtschaft, Umwelt und zur Mobilitätssicherung in diesen Ländern leisten können. Eine attraktive Rolle der Schiene benötigt eine gute Infrastruktur und leistungsfähige Schienenfahrzeuge, weswegen es zu untersuchen gilt, wie die Schiene ihre Chance im Spannungsfeld von Bedarf, Nutzen und Kosten in EL finden kann.

Abbildung 1: Die Bahn in Spannungsfeld von Bedarf, Nutzen und Kosten

Eigene Darstellung

1.2 Forschungsmethoden

Da das Thema „Realisierung von Schienenbahnen in Entwicklungsländern" ein breites und strategisches Thema ist, wurde es nach der Problem- und Fragestellung erforscht durch:

- **Status-quo-Analyse:**

durch eine umfangreiche Recherche über die Entwicklungsländer beginnend mit Klassifizierung und Gruppierung der Länder; einer kleinen Einführung in das Verhältnis zwischen Industrie-, Schwellen- und Entwicklungsländern; mit einem ausführlichen Überblick über die Entwicklungsländer und ihre gemeinsamen Merkmale anschließend über die Verkehrslage in diesen Ländern und in der Folge die Lage der Eisenbahn in EL, mit einem Vergleich mit Deutschland und seiner vorbildlichen Funktion im Verkehrssektor; eine intensive Auswertung von Literatur und Informationsmaterial zur Ermittlung der Ausgangssituation der Arbeit und Festlegung der Beispielländern. Die Status-quo-Analyse ist stark ergebnisorientiert ausgerichtet.

- **Fehleranalyse und Expertengespräche in Syrien**

Während des Forschungsaufenthalts werden Strecken vor Ort in Syrien besichtigt z.B. die Strecke Latakia - Aleppo im Nordwesten und die Strecke Deir ezzour -Abukamal im Nordosten Syriens; Gespräche mit Fachleuten an den syrischen Universitäten und an dem Transportministerium geführt[9].

Die gesammelten Informationen und Daten der Recherche sowie die persönlichen Erkenntnisse werden zusammengebracht, schnittgestellt und gefiltert, die Angaben werden wissenschaftlich qualitativ und quantitativ eingesetzt und bewertet für eine Analyse der Schienenverkehrsprobleme und die Verbesserungs- und Lösungsvorstellung.

---

[9] Im Mai 2007 wurde die Strecke Latakia - Aleppo besichtigt. Im März 2009 wurde ein Besuch nach Syrien mit Prof. Siegmann und Prof. Zarour organisiert, Gespräche mit dem Verkehrsminister und mit den beiden Generaldirektoren der syrischen Eisenbahngesellschaften und mit Hochschullehrer an Damaskus Universität über die Verkehrssituation insgesamt und den Schienenverkehr insbesondere in Syrien geführt und die Strecke Deir ez zour - Abukamal besichtigt.

Einleitung

- **Teilnahme an vielen Fachtagungen und Exkursionen in Deutschland**

Um den Schienenverkehr in den Industrieländern besonders in Deutschland und seine Entwicklungsphilosophien -und Perspektiven kennen lernen zu können und Übertragungsmöglichkeiten auf die EL zu erarbeiten, werden entsprechende Vorlesungen an der Technischen Universität Berlin besucht, an vielen fachlichen Veranstaltungen und Exkursionen mit dem Fachgebiet Schienenfahrwege und Bahnbetrieb an der TU Berlin und an Sommerschulen teilgenommen. Dadurch werden viele Erfahrungen und Informationen von verschiedenen Entwicklungs- und entwickelten Ländern gesammelt, verglichen und studiert.

Abschließend werden die Handlungsempfehlungen im Rahmen einer Zusammenfassung angegeben, die Schlussfolgerungen in einem Vorstellungschema dargestellt.

1.3 Aufbau der Arbeit

Die Arbeit gliedert sich in acht Hauptkapitel:
- Im Kapitel 1 als eine Einleitung wird das Verkehrsproblem in EL erwähnt, ein grober Vergleich zwischen Straßen-, und Schienenverkehr und die wesentlichen Vorteile der Bahn gegenüber dem Pkw dargestellt. Es werden auch die Problemstellung, die Forschungsmethoden, die Ausgangsthese und die Hauptleitfragen sowie die Ziele der Arbeit vorgestellt.
- Im Kapitel 2 werden die Länder nach der Teilung der Weltökonomie definiert und klassifiziert mit einem Überblick über die Industrie-, Schwellen- und Entwicklungsländer. Über die Entwicklungsländer wird ausführlicher recherchiert, um diesen Begriff näher zu bringen und den engen Zusammenhang zwischen Entwicklung und Entwicklungsland zu betonen.
- Im Kapitel 3 werden die grundsätzlichen Daten und Merkmalen der EL dargestellt. Die gemeinsamen Merkmale, die Demografie und die Wirtschaft stehen dabei in Mittelpunkte. Das Problem „Korruption" wird besonders betont, weil dieses Problem eines der größten Probleme in den EL ist, wenn nicht das absolute größte.

Einleitung

- Im Kapitel 4 wird die Verkehrslage in EL insgesamt und die Schienenverkehrslage insbesondere und die Hauptprobleme des Verkehrs in EL betrachtet. Die statistischen Daten werden dargestellt, die Lage charakterisiert und Lösungsansätze vorgestellt. Kernpunkt dabei ist die Betonung der Rolle, die die Schiene in diesen Ländern spielen kann.

- Im Kapitel 5 als fachliche Basis für das Bahnsystem wird der Einsatz der Schiene im Verkehrsplanungsprozess nach deutschen Philosophien gezeigt, die Vorteile des Bahnsystems beleuchtet sowie werden der Sinn und die Bedeutung der Umsetzung dieses Systems in EL studiert.

- Im Kapitel 6 wird der Schienenverkehr aus wirtschaftlicher Sicht betrachtet. Es werden die Kostenstrukturmerkmale, die externen Kosten des Verkehrs, die Zahlungsbereitschaft, die Investition-, Verwaltungs- und Finanzierungsmöglichkeiten, die Rolle des Privatsektors bei Bahnprojekten und die Bedeutung der Zusammenarbeit mit den entwickelten Ländern diskutiert.

- Im Kapitel 7 wird die Verkehrslage in Syrien am Beispiel detailliert dargestellt. Durch statistische Daten, wissenschaftliche Kriterien und persönliche Erfahrungen wird die Verkehrs- und Schienenverkehrslage in Syrien analysiert und bewertet. Die zukünftige Strategie der Eisenbahn in Syrien wird diskutiert. Die Untersuchung und die Vorstellung beziehen sich auf viele Entwicklungsländer.

- Im Kapitel 8 werden die Kriterien, die Maßnahmen und die Schlussfolgerung der Arbeit für die Realisierung der Schienenbahnen in EL erarbeitet und ein Katalog dazu erstellt. Abschließend und durch die Ergebnisse erfolgt eine Zusammenfassung als Grundlage für die Ableitung von Lösungsmöglichkeiten, Empfehlungen, Vorschläge und Forderungen für die Zukunft der Schiene in EL.

2. Definition und Klassifizierung

Entwicklung ist ein sehr komplexer und vielschichtiger Begriff, der nicht nur durch ökonomische Indikatoren wie das Bruttoinlandprodukt (BIP) oder das Wirtschaftswachstum, sondern auch durch soziale, soziokulturelle und politische Indikatoren beschrieben werden muss. Es ist schwierig, eine allgemeingültige Definition für Entwicklung zu finden oder zu konkretisieren. Daher ist es auch schwierig, ein Land als Entwicklungsland zu bezeichnen[10]. Wachstum stellt einen wesentlichen Teil bzw. die Voraussetzung der Entwicklung dar, aber die Definitionen, Klassifizierung und Kategorien zur Einordnung der Länder nach Entwicklungsstandards sind ein ständiges Diskussionsthema. Das Problem ist, dass keine eindeutige Grenze zwischen entwickelten- und Entwicklungsländern gezogen werden kann, da es keine einheitlichen, allgemein akzeptierten Kriterien für Unterentwicklung und für Armut gibt. Die Indikatoren für Entwicklung sind auch die Indikatoren für Unterentwicklung[11]. Auch in Ländern, die ein rasches Wirtschaftwachstum haben, wie Indien und China, befindet sich ein Großteil der Menschen in Armut. Diese Länder werden manchmal auch in der Literatur als Entwicklungsländer bezeichnet.

Die Weltbank unterscheidet die Länder nach Pro-Kopf-Einkommen in vier Gruppen[12]. (siehe Anhang 1):
- Gruppe 1: Low-income economies
- Gruppe 2: Lower-middle-income economies
- Gruppe 3: Upper-middle-income economies
- Gruppe 4: High-income economies

Die beiden ersten Gruppen werden von der Weltbank als Entwicklungsländer bezeichnet. Auch die Entwicklungsausschüsse der Vereinten Nationen (UN) ziehen als allgemeines Definitionskriterium das mittlere Einkommen pro Kopf heran. Ein Land gilt nach dieser Definition als Entwicklungsland, wenn das durchschnittliche Pro-Kopf-Einkommen der Bevölkerung nicht mehr als 25 % des Pro-Kopf-Einkommens der hoch

---

[10] Vgl. S. Fankhauser, Die Motivation der Entwicklungspolitik Eine kritische Analyse, S. 4

[11] Vgl. H. Wagner, Wachstum und Entwicklung, 1993, S. 1 - 5

[12] http://web.worldbank.org/website/external/datastatistics, Zugriff 27.10.2010

entwickelten Länder beträgt[13]. Aber die alleinige Bezugnahme auf das Pro-Kopf-Einkommen als Maßstab für die Entwicklung eines Landes bereitet Probleme, da hier einerseits über die Verteilung des Einkommens keine Aussage gemacht werden kann und andererseits gibt es viele sehr Wohlhabende und sogar Millionäre in den armen Ländern und auch Arme in den reichsten Ländern.

In den Statistiken der Vereinten Nationen und nach der wirtschaftlichen Lage verschiedener Länder wurde die Welt in 1. Welt, 2. Welt und 3. Welt oder in Industrie-, Schwellen- und Entwicklungsländer eingeteilt:

2.1 Industrieländer

Mit Industrieländern werden die industrialisierten Staaten sprachlich abgegrenzt von Entwicklungsländern, die diesen Zustand anstreben. Die historische Industrialisierung Europas lässt sich jedoch nicht mit den Prozessen vergleichen, die heute in den Entwicklungsländern stattfinden. Sinngemäß müssten die mit dem Ausdruck Industriestaaten gemeinten Länder heute als Dienstleistungsstaaten bezeichnet werden, wenn der Anteil des Industrie- bzw. Dienstleistungssektors am Bruttonationaleinkommen verglichen wird. Die Industrieländer wurden nach mehreren Definitionen gruppiert:

- **G-3**: Die weltwirtschaftlichen Führungsmächte: USA, Japan, Deutschland
- **G-7 / G8**: Die Gruppe der sieben führenden Industrieländer (USA, Japan, Deutschland, Frankreich, Italien, Großbritannien und Kanada) trifft sich seit 1975 jährlich parallel zu den Weltbank/ International Monetary Found Konferenzen. Im Juni 1997 wurde Russland als gleichwertiger Partner aufgenommen, so dass seither von der G-8 sowie dem "Gipfel der Acht" gesprochen wird[14]
- **OECD-Mitglieder:** (Organisation for Economic Cooperation and Development: Organisation für wirtschaftliche Zusammenarbeit und Entwicklung). Die OECD-Mitglieder gehören zu den Ländern mit hohem Pro-Kopf-Einkommen und gelten als entwickelte Länder (Anhang 2). Ihre Hauptziele sind:

---

[13] http://web.worldbank.org/website/external/datastatistics, Zugriff 27.10.2010

[14] Ch. Mehne: Entwicklungszusammenarbeit für eine angepasste Verkehrsentwicklung in Ostafrika; eine Doktorarbeit an der Universität Trier 2002, S 21

Definition und Klassifizierung

- Förderung nachhaltigen Wirtschaftswachstums
- Höhere Beschäftigung
- Steigerung des Lebensstandards
- Sicherung finanzieller Stabilität
- Unterstützung der Entwicklung anderer Länder
- Beitrag zum Wachstum des Welthandels[15]

2.2 Schwellenländer

Unter dem Begriff „Schwellenländer" sind die Nichtindustrieländer zu verstehen, deren Wirtschaftswachstum jedoch außerordentlich hoch ist. Sie werden manchmal die großen Entwicklungsländer genannt und können wie folgt gruppiert werden:

- Die südostasiatischen Länder, die als „Tiger-Staaten" bezeichnet wurden: Hongkong, Singapur, Korea und China;
- Sonstige Länder, die den Anschluss an die Wirtschaftsentwicklung der reichen Industriestaaten suchen (z.b. Mexiko, Brasilien, Türkei, Iran und Indien);
- Ehemalige kommunistische Länder des ehemaligen Ostblocks, die weder Industrie- noch Entwicklungsländer sind (z.B. Rumänien, Bulgarien und die Staaten der ehemaligen Sowjetunion)[16].

Die Industrie- und Schwellenländer können unter dem Begriff G-20 eingeordnet werden. Sie ist die Gruppe der zwanzig wichtigsten Industrie- und Schwellenländer und ein seit 1999 bestehender, informeller Zusammenschluss aus 19 Staaten und der Europäischen Union EU (Anhang 3). Sie soll als Forum für die Kooperation und Konsultation in Fragen des internationalen Finanzsystems dienen[17].

---

[15] http://www.oecd.org/document, Zugriff 10.11.2010

[16] Vgl. Ch. Mehne: Entwicklungszusammenarbeit für eine angepasste Verkehrsentwicklung in Ostafrika; eine Doktorarbeit an der Universität Trier 2002, S. 23

[17] http://www.spiegel.de/Gruppe_der_zwanzig_wichtigsten_Industrie-_und_Schwellenländer, Zugriff 10.11.2010

Definition und Klassifizierung

2.3 Entwicklungsländer

Für den Begriff Entwicklungsländer (EL), wie oben geklärt wurde, gibt es keine einheitliche Definition. Nach allgemeinem Verständnis und typischerweise bezeichnet ein Entwicklungsland ein Land, das hinsichtlich seiner wirtschaftlichen, sozialen und politischen Entwicklung vergleichsweise unterentwickelt ist, einen relativ niedrigen Stand hat und die Mehrheit der Bevölkerung arm ist. Vergleichskriterium sind dabei die westlichen Industrieländer[18]. Diese Länder streben jedoch die Steigerung des Lebensstandards, die Förderung nachhaltigen Wirtschaftswachstums und Sicherung der finanziellen Stabilität an. In der Vergangenheit wurde gesprochen von „rückständigen Ländern", „armen Ländern", „unentwickelten Ländern", „peripheren Ländern", bis sich heute der Begriff „Entwicklungsland" durchgesetzt hat.

Als wirtschaftliche Indikatoren für Unterentwicklung ist in der Literatur zu finden:
- niedriges Pro-Kopf-Einkommen
- geringe Spar- und Investitionstätigkeit
- geringe Kapitalintensität
- geringe Arbeitsproduktivität
- niedriger technischer Ausbildungsstand
- fehlendes Know-how in Technik und Management
- Dominanz des Primärsektors in der Produktionsstruktur
- mangelnde, unzureichende Infrastruktur[19].

Die Begriffe „Entwicklungsländer" und „Dritte Welt" werden von Vielen, unkorrekter Weise, synonym benutzt. Dennoch, der Begriff Dritte Welt stammt aus den 50er Jahren und war ursprünglich politisch geprägt. Er definierte die blockfreien Staaten, welche sich nicht durch den Kalten Krieg ideologisch vereinnahmen lassen wollten[20]. Dieser Begriff lebte weiter trotz des Zusammenbruchs des kommunistischen Blocks. Zu Beginn der fünfziger Jahre haben die Organisationen der Vereinten Nationen und ihre

---

[18] vgl. H. Wagner, Wachstum und Entwicklung, 1993, S. 4

[19] Vgl. S. Fankhauser, Die Motivation der Entwicklungspolitik Eine kritische Analyse, S.8

[20] Vgl. F. Nuscheler: Lern- und Arbeitsbuch Entwicklungspolitik; Bonn 1991

Tochterorganisationen diesen Begriff zu verwenden begonnen[21]. Es wurde von Entwicklungsländern gesprochen als die Länder, die ökonomisch schwach entwickelt sind. Der Begriff „Entwicklungsland" suggeriert manchmal enge Verbindung mit Armut. Andererseits ist es zu verstehen, dass die Entwicklungsländer versuchen, dem Weg der Industrieländer zu folgen und sich ihren Vorbildern anzunähern. Entwicklung ist jedoch meist verbunden mit Wachstum.

Aber es handelt sich nicht unbedingt um die armen Länder. Die Begriffe „reich" und „arm" definieren den Entwicklungszustand eines Landes nur unzureichend und können die Realität der Armen in den Millionenstädten der EL nicht abbilden. Sie finden ihre Verwendung eher in Verbindung mit Vermögen von Einzelpersonen. So findet sich Armut auch in Ländern mit hohem Durchschnittseinkommen (beispielsweise in Deutschland oder der Schweiz) und Reichtum in Entwicklungsländern (zum Beispiel in den ölexportierenden Ländern).

Daher werden die Entwicklungsländer in dieser Arbeit gemeint, alle Länder, die nicht zu OECD-Länder (siehe Anhang 2) oder der G20 (siehe Anhang 3) gehören oder unter Industrie- oder Schwellenländer genannt wurden.

---

[21] Vgl. J.L. Schmidt: die Entwicklungsländer, 1974, S.15

3. Grundsätzliche Daten und Merkmale für EL

Es werden in diesem Kapitel die allgemeinen gemeinsamen Merkmale der EL beleuchtet und dann werden das Problem „Korruption" und die demografischen und wirtschaftlichen Daten in vielen ausgewählten Ländern von Afrika, Asien und Lateinamerika mit ihren verschiedenen Lebensniveaus detaillierter dargestellt. Die nächsten drei Punkte erläutern die gesamte Lage in EL.

3.1 Gemeinsame Merkmale der EL

Mit Berücksichtigung der verschiedenen Abstufungen der EL, weist die Mehrzahl dieser Staaten gemeinsame Merkmale auf:
- ein niedriges Pro-Kopf-Einkommen, was eine schlechte Versorgung großer Gruppen der Bevölkerung mit Nahrungsmitteln und anderen Lebensmitteln zur Folge hat und zu Hungersnöten führen kann (z.B. in Somalia, Äthiopien, Kongo, Liberia, …),
- keine oder nur eine mangelhafte Gesundheitsversorgung, eine hohe Kindersterblichkeitsrate und eine geringe Lebenserwartung,
- mangelhafte Bildungsmöglichkeiten sowie eine hohe Analphabetenquote,
- fehlendes Know-how in Technik und Management[22],
- eine nicht ausreichende Infrastruktur und wenige Fachkräfte, was den Ausbau der Wirtschaft behindert,
- hohe Arbeitslosigkeit, ein insgesamt niedriger Lebensstandard, eine oft extrem ungleiche Verteilung der vorhandenen Güter,
- die Landwirtschaft hat einen sehr hohen Anteil am Bruttosozialprodukt. Landwirtschaftliche Erzeugnisse und Rohstoffe stehen bei vielen Entwicklungsländern ganz oben in der Exportliste. Teure Fertigprodukte dagegen wie Maschinen müssen importiert werden, was zusammen mit den dazu notwendigen Krediten der Entwicklungsbanken zu einer hohen Auslandsverschuldung führt[23],

---

[22] http://www.bmz.de/de/service/glossar/entwicklungsland.html, Zugriff 14.07.2010

[23] H. Wagner, Wachstum und Entwicklung, 1993, S. 5

- rückständige Produktionsmethoden, schlechte Bildung bzw. Ausbildung,
- geringe Anreize, sowie wenige Möglichkeiten zum Schulbesuch kennzeichnen die soziale Situation der EL. Dazu kommen auch eine niedrige Lebenserwartung, Krankheiten sowie Unterernährung. Dieses Umfeld, kombiniert mit hohen Einkommensunterschieden, ist Nährboden für soziale Konflikte, gewalttätige Auseinandersetzungen innerhalb und zwischen Ländern und wenig Zusammenhalt innerhalb der Gesellschaft[24],
- große Umweltprobleme-, und Risiken, insbesondere bei der Luftverschmutzung durch sehr starken Straßenverkehr und unkontrollierte Verstädterung,
- undemokratische Strukturen, militärische Regierungen, mangelnde Effizienz und Stabilität der politischen Institutionen, Bürgerkrieg in vielen EL infolge Unzufriedenheit der Bevölkerung oder ethnischen / religiösen Konflikten, gewaltsame Konflikte mit umliegenden Staaten und hohe Rüstungsausgaben[25],
- Leiden unter Korruption, sodass die Staatseinnahmen nicht für Entwicklungsprogramme im eigenen Land, sondern für unsachgemäße Zwecke verwendet werden, da es wenig Transparenz gibt. Dieses Problem wird im nächsten Abschnitt extra ausführlicher beleuchtet, weil es eines der größten Probleme in EL ist, wenn nicht das Größte überhaupt,
- in den meisten Entwicklungsländern existieren autoritäre Herrschaftssysteme. Viele Staaten haben in der Vergangenheit lange Phasen des Kriegsrechts oder des Ausnahmezustands durchlaufen. Aus vorläufigen Maßnahmen wurde dann oft ein Dauerzustand, die Grundrechte wurden und werden dort beeinträchtigt. Die Möglichkeit der politischen Mitwirkung der Bürgerinnen und Bürger ist noch gering. Sie wird durch staatlich eingeschränkte Medien- und Organisationsfreiheit sowie durch Informationsmangel, ineffektive Verwaltungen und mangelnde Transparenz von Entscheidungen behindert[26].

---

[24] Vgl. S. Fankhauser, Die Motivation der Entwicklungspolitik Eine kritische Analyse, S. 57

[25] Das Magazinwissen, http://www.scinexx.de/, Zugriff 14.07.2010

[26] http://www.bmz.de/de/publikationen/themen/laender_regionen/konzept156.pdf, Zugriff 15.07.2010

3.2 Korruption

Korruption ist ein universelles Problem und ein wesentliches Hindernis im Entwicklungsprozess. Sie ist jedoch ein „tödliches" Problem in EL, da diese stark betroffen sind. Korruption kann definiert werden als *das Verhalten von Menschen, die mit öffentlichen oder privaten Aufgaben betraut sind, ihre Pflichten jedoch nicht respektieren, um ungerechtfertigte Vorteile zu erlangen*[27]. Es sind drei verschiedene Ebenen von Korruption zu unterscheiden:

- Korruption auf Regierungsebene,
- Korruption an der Schnittstelle zwischen Bürger und Staat und
- Korruption auf der Ebene des politischen Gemeinwesens[28].

Laut Schätzungen des Weltbankinstituts gehen jährlich weltweit eine Billion US $ allein an Bestechungsgeldern verloren. Dieses Problem ist stark abhängig von der politischen Situation. Korruption und fehlende Transparenz sind Entwicklungshemmnisse und führen zu Rechtsunsicherheit, Schwächung der Institutionen, Verzerrung des Wettbewerbs, Behinderung der Entwicklung des Privatsektors und Abschreckung der Investoren. Durch Korruption werden die öffentlichen Ressourcen verschwendet, statt mit ihnen nachhaltige Entwicklung im Interesse aller Bevölkerungsgruppen zu fördern[29]. Die Entwicklungshilfe von den Geberländern wird weitgehend verschwendet oder unproduktiv verwendet[30]. Zu den Erscheinungsformen von Korruption gehören unter anderem Bestechung, Unterschlagung, Veruntreuung, Ämterpatronage, Freundwirtschaft und vor allem der Machtmissbrauch in der öffentlichen Verwaltung. Laut einem veröffentlichten UN-Bericht zahlten die Bürger in Afghanistan 2,5 Milliarden US $ an Bestechungsgeldern im Jahre 2009 (18 % des Bruttoinlandsprodukts). Diese Zahlen hat das Büro der Vereinten Nationen für Drogen- und Verbrechensbekämpfung (UNODC) anhand einer Umfrage unter der afghanischen Bevölkerung errechnet. 59 % der Befragten meinen, dass die Korruption noch vor der fehlenden Sicherheit und der Arbeitslosigkeit ihr größtes Problem ist. Die Afghanen sagen, dass es unmöglich ist, von den Behörden etwas zu

---

[27] BMZ, Referat 405 „Korruptionsbekämpfung in der deutschen Entwicklungszusammenarbeit" S. 1

[28] BMZ, Referat „Entwicklungspolitische Informations- und Bildungsarbeit 2009" S. 5

[29] BMZ, Referat „Korruption vorbeugen – Transparenz fördern" S. 2

[30] Vgl. H. Wagner, Wachstum und Entwicklung, 1993, S. 24

bekommen, ohne Schmiergeld zu zahlen. Drogen und Bestechungsgelder seien damit die beiden Haupteinkommensquellen der Beschäftigten in Afghanistan. Am bestechlichsten seien Polizisten und lokale Beamte, gefolgt von Richtern, Staatsanwälten und Regierungsmitgliedern[31].

In manchen Ländern, besonders in Afrika gehen ca. 50 % der Geldmengen auf dem Wege der Korruption verloren[32]. Viele staatliche Dienstleistungen sind nur durch Bestechung erhältlich, und selbst den individuellen Steuersatz sollen die Bürger durch Bestechung beeinflussen können. **Ausländische Firmen können in der Regel keine Verträge abschließen ohne Schmiergeld an Mittelsmänner zu zahlen**[33]. Korruption erschwert eine nachhaltige Entwicklung und trifft die Armen besonders stark[34]. Korruption wird begünstigt durch mangelhafte Kontrollmechanismen, fehlende Transparenz und Rechenschaftspflicht. Hinzu kommen länderspezifische Faktoren: Häufig führt gerade der Reichtum an natürlichen Ressourcen wie Öl, Gas, Mineralien oder Holz zur Intransparenz und Korruption in großem Stil aber auch in Infrastrukturbereichen[35]. Verkehrssektor ist auch stark betroffen.

---

[31] http://www.dw-world.de/dw/article/ zugriff 20.01.2010

[32] Vgl. Ch. Mehne: Entwicklungszusammenarbeit für eine angepasste Verkehrsentwicklung in Ostafrika; eine Doktorarbeit an der Universität Trier 2002, S. 27,30

[33] I. Werenfels: Qaddafis Libyen, S. 18 und nach meiner persönlichen Erfahrung in Syrien und vielen Gesprächen mit Unternehmern in Deutschland

[34] BMZ, Referat „Entwicklungspolitische Informations- und Bildungsarbeit"

[35] BMZ, Referat „Korruption vorbeugen – Transparenz fördern" S. 3

Grundsätzliche Daten und Merkmale für EL

Abbildung 2: Korruption ist ein gefährliches Phänomen in allen EL,

Quelle: http://www.dw-world.de/dw/0,2142,613,00.html, Zugriff 03.03.2011

Abbildung 3: eine Korruptions-Perspektive im Eisenbahnsektor in Syrien

Quelle: S.Salloum in http://www.champress.net, Zugriff 01.07.2009

3.3 Demografische Daten in den ausgewählten EL

Es werden in diesem Kapitel Länder der vier Gruppen der Weltbank-Einteilung (Anhang 1) von Afrika, Asien und Lateinamerika ausgewählt. Die Länder werden alphabetisch je Kontinent eingeordnet. Die ähnlichen Werte für Deutschland wurden in der letzten Zeile der Tabelle zum Vergleich dargestellt.

Das Land	Hauptstadt	Fläche [km²]	Bevölkerung			Anteil der Altersgruppen in % 2010	
			2010 [1000]	Je km²	2050[36] [1000]	Unter 15 Jahre	Ab 65 Jahre
Afrika							
Ägypten	Kairo	1.002.000	84.474	84	129.533	32,1	4,6
Algerien	Algier	2.381.741	35.423	15	49.610	27,0	4,7
Angola	Luanda	1.246.700	18.933	15	42.267	44,7	2,5
Äthiopien	Addis Abeba	1.104.300	84.976	77	173.811	43,2	3,2
Benin	Porto Novo	112.622	9.212	82	21.982	42,9	3,3
Burkina Faso	Ouagadougou	274.222	16.287	59	40.830	46,4	2,0
Eritrea	Asmara	117.600	5.224	44	10.787	41,5	2,5
Ghana	Accra	238.539	24.333	102	45.213	38,1	3,7
Kamerun	Jaounde	475.442	19.958	42	36.736	40,8	3,6
Kenia	Nairobi	580.367	40.863	70	85.410	42,8	2,6
Liberia	Monrovia	111.369	4.102	37	8.841	42,5	3,1
Libyen	Tripolis	1.759.540	6.546	4	9.819	30,1	4,4
Mali	Bamako	1.240.192	13.323	11	28.260	44,1	2,3
Marokko	Rabat	446.550	32.381	73	42.583	28,0	5,4
Mauretanien	Nouakchott	1.025.520	3.366	3	6.061	39,2	2,7
Nigeria	Abuja	923.768	158.259	171	289.083	42,4	3,1
Somalia	Mogadischu	637.657	9.359	15	23.522	44,9	2,7
Sudan	Khartum	2.505.813	43.192	17	75.884	38,7	3,7
Tunesien	Tunis	163.610	10.374	63	12.711	22,8	6,7
Uganda	Kampala	241.038	33.796	140	91.271	48,7	2,5
Asien							
Afghanistan	Kabul	652 090	29 117	45	73 938	45,9	2,2

---

[36] Bevölkerungsvorausberechnung für das Jahr 2050

Grundsätzliche Daten und Merkmale für EL

Das Land	Hauptstadt	Fläche [km²]	Bevölkerung			Anteil der Altersgruppen in % 2010	
			2010 [1000]	Je km²	2050[36] [1000]	Unter 15 Jahre	Ab 65 Jahre
Bahrain	Manama	750	807	1.076	1.277	26,0	2,3
Irak	Bagdad	438.317	31.467	72	63.995	40,7	3,2
Jemen	Sanaa	527.968	24.256	46	53.689	43,3	2,4
Jordanien	Amman	89.342	6.472	72	10.240	33,9	3,7
Katar	Doha	11.586	1.508	130	2.316	15,9	1,1
Kuwait	Kuwait	17.818	3.051	171	5.240	23,3	2,3
Libanon	Beirut	10.452	4.255	407	5.033	24,7	7,4
Oman	Maskat	309.500	2.905	9	4.878	30,9	3,1
Pakistan	Islamabad	796.095	184.753	232	335.195	36,6	4,1
Syrien	Damaskus	185.180	22.505	122	36.911	34,8	3,2
VAE	Abu Dhabi	83.600	4.707	56	8.253	19,1	1,0
Vietnam	Hanoi	331.212	89.029	269	111.666	25,1	6,3
Lateinamerika							
Bolivien	Sucre	1.098.581	10.031	9	14.908	35,8	4,8
Costa Rica	San Jose´	51.100	4.640	91	6.373	25,3	6,5
Ecuador	Quito	256.369	13.775	54	17.989	30,6	6,7
El Salvador	San Salvador	21.041	6.194	294	7.882	31,5	7,3
Guatemala	Guatemala	108.889	14.377	132	27.480	41,5	4,4
Haiti	Port-au-Prince	27.750	10.188	367	15.485	35,9	4,4
Deutschland	**Berlin**	**357.114**	**82.057**	**230**	**70.504**	**13,4**	**20,5**

Tabelle 1: Demografische Daten der ausgewählten Länder mit Vergleich zu Deutschland
Quelle: statistisches Bundesamt, statistisches Jahrbuch 2010, Eigenbearbeitung

Die Tabellen 1 und 2 zeigen eine hohe Geburtenrate und Verjüngung der Bevölkerungsstruktur in den EL. Dagegen ist eine deutlich niedrigere Geburtenrate und eine Veralterung der Bevölkerungsstruktur in Deutschland, als Beispiel für die anderen entwickelten Länder, zu beobachten. Wenn die Bevölkerungsdichte nach Gesamteinwohnerzahl und Fläche berechnet wird, sieht sie in vielen EL scheinbar niedrig aus, aber tatsächlich konzentriert sich diese Dichte in den Großstädten. Zum Beispiel leben 22,4 % der Bevölkerung in Syrien in Damaskus und Damaskusumgebung und 20,8 % in Aleppo. Der

Rest verteilt sich in den anderen elf Städten[37]. In der Region Naher Osten und Nordafrika (MENA) wandern viele Menschen in die Städte ab. Im Jahr 2020 werden dort vermutlich etwa 60 Prozent der arabischen Bevölkerung in Städten leben. Die Infrastruktur der Städte ist dem schnellen Zuwachs nicht gewachsen[38]. Die Bevölkerungszahl wird sich in den meisten EL in 2050 verdoppeln und in manchen Ländern sogar mehr als verdoppeln (Vergleich Spalte 5, 7 in Tabelle 1). Das führt zu unkontrollierbarem Bevölkerungswachstum und zu zunehmender Siedlungsdichte in den Kernstädten.

	Bevölkerungszahl	[1000]	Bevölkerung nach Alter			%	Geburtenrate %	Versterbungsrate %
	2006	2008	0-14	15-24	25-64	65+	2000-2005	2000-2005
Welt	6.540.283	6.691.482	27,8	17,9	46,8	7,4	21,1	9,0
IL	1.214.453	1.220.359	16,8	13,6	54,2	15,4	11,0	10,0[39]
EL	5.325.830	5.471.123	30,4	18,9	45,1	6,6	24,0	9,0[40]

Tabelle 2: Bevölkerungszählung und Geburtenraten in der Welt
Quelle: Statistical abstract of the ESCWA region 2009, Eigenbearbeitung

---

[37] Angaben des Zentralstatistikbüro in Syrien 2010

[38] http://www.bmz.de/de/was_wir_machen/laender_regionen/naher_osten_nordafrika/index.html, Zugriff 08.09.2010

[39] Das ist ein durchschnittlicher Wert. Tatsählich sind die Prozentuale sehr variabel in den entwickelten Ländern. Geburtenrate/Sterberate: in Deutschland 8,1/10,3; in Frankreich: 12,2/8,6; in Großbritanien: 12,2/9,9 aber in Irland: 15,6/6,4 und in in der Schweitz: 9,7/8,3 (Angaben des statistischen Bundesamtes 2010)

[40] Das ist auch im Schnitt. Es ist sehr variabel von Land zu Land aber die Geburtenrate ist in meisten El mehrfach als die Sterberate

Grundsätzliche Daten und Merkmale für EL

3.4 Ökonomische Merkmale der ausgewählten EL

In der nächsten Tabelle werden die Hauptmerkmale der wirtschaftlichen Lage in den ausgewählten Ländern (BIP je Land und Einwohner) sowie das Wirtschaftswachstum während der Welt-Wirtschaftskrise, in Vergleich zu Deutschland dargestellt:

Das Land		BIP in Mio. US $		BIP je Einwohner US $	
		2008	2009	2008	2009
Afrika					
	Ägypten	162 435	187 954	2 160	2 450
	Algerien	170 228	140 848	4 940	4 027
	Angola	84 945	68 755	5 054	3 972
	Äthiopien	26 675	32 319	330	390
	Benin	5 433	7 000	680	744
	Burkina Faso	8 295	8 105	591	564
	Eritrea	2 000	k.A.	335	k.A.
	Ghana	16 654	15 513	739	671
	Kamerun	23 732	22 223	1 224	1 115
	Kenia	30 306	32 724	859	912
	Kongo	11 595	11 108	184	171
	Liberia	730[41]	1 000	195	221
	Libyen	89 909	60 351	14 478	9 529
	Mali	6 745[41]	9 000	517	691
	Marokko	88 879	90 815	2 827	2 865
	Mauretanien	2 756[41]	3 000	931	920
	Nigeria	207 116	173 428	1 401	1 142
	Somalia	1 000	k.A.	139	k.A.
	Sudan	58 028	54 677	1 522	1 398
	Tansania	20 630	22 318	519	551
	Tunesien	35 010	40 000	3 398	3 792
Asien					

---

[41] Angaben von 2007, Quelle: International Monetary Fund, World Economic Outlook Database, April 2008

Grundsätzliche Daten und Merkmale für EL

Das Land		BIP in Mio. US $		BIP je Einwohner US $	
		2008	2009	2008	2009
	Afghanistan	11 793	14 044	419	486
	Bahrain	22 000	k.A.	28 240	k.A.
	Bangladesch	84 524	94 507	523	574
	Irak	86 525	65 838	2 845	2 108
	Jemen	26 909	25 131	1 171	1 061
	Jordanien	16 011[42]	23 000	2 795	3 829
	Katar	100 407	83 910	91 478	68 872
	Kuwait	158 150	111 309	45 938	31 482
	Libanon	24 640[42]	34 000	6 569	8 156
	Oman	59 946	53 395	20 887	18 013
	Pakistan	164 557	166 515	1 022	1 017
	Syrien	37 760	52 000	1 946	2 473[43]
	VAE	261 353	229 971	54 849	46 857
	Vietnam	89 829	92 439	1 042	1 060
Lateinamerika					
	Bolivien	16 602	17 627	1 656	1 724
	Costa Rica	26 238[42]	29 000	5 905	6 382
	Ecuador	54 686	57 303	3 928	4 059
	El Salvador	20 373[42]	22 000	2 857	3 597
	Guatemala	39 126	37 302	2 862	2 662
	Haiti	5 435[42]	7 000	630	667
	Deutschland	3 673 105	3 352 742	44 729	40 875

Tabelle 3: ökonomische Merkmale in EL mit Vergleich zu Deutschland
Quelle: statistisches Bundesamt, statistisches Jahrbuch 2010, Eigenbearbeitung

---

[42] Angaben von 2007, Quelle: International Monetary Fund, World Economic Outlook Database, April 2008

[43] Es wird bis 2015 mit 5,64 % BIP-Wachstum und 4137 $ BIP pro Kopf geschätzt (Quelle: World economic outlook, Stand Okt. 2010)

Tabelle 3 zeigt das Bruttoinlandsprodukt je Land und Einwohner in den ausgewählten EL von verschiedenen Gruppen vor und nach der weltweiten Wirtschaftskrise. Die wichtigsten ökonomischen Merkmale sind:

- das geringe Pro-Kopf-Einkommen in EL außer bei den ölexportierneden Ländern. Hauptgründe dafür sind, dass die EL vor allem landwirtschaftliche Produkte, Rohstoffe/Bodenschätze und manuell hergestellte Produkte, jedoch kaum technische oder industrielle anspruchsvollere Produkte exportieren, niedrige Investitionstätigkeiten, hohe Auslandsverschuldung, Kapitalflucht und unzureichende Infrastruktur, was eine geringe Wertschöpfung zur Folge hat[44].
- das Wachstum des BIP in den meisten EL trotz der weltweiten Wirtschaftskrise im Gegensatz von Deutschland. Hauptgründe dafür sind die oben genannten Produkte und vor allem das politische Wirtschaftsystem.

Das Wirtschaftswachstum in 2010 und 2011 wurden wie folgendes in Prozent prognostiziert und im Schnitt dargestellt[45]:

	2010	2011	Dim. % p.a gegen vorheriges Jahr
Entwickelten Länder	2,3	2,4	+ 4,35
Schwellenländer	8[46]	7,6	- 5
Entwicklungsländer	4,3	5,4	+ 25,58

Tabelle 4: prognostiziertes Wirtschaftswachstum in 2010 und 2011
Quelle: International Monetary Fund, World Economic Outlook Database, April 2010

---

[44] Vgl. H. Wagner, Wachstum und Entwicklung, 1993, S. 23

[45] Quelle: Overview of the World Economic Outlook Projections, in International Monetary Fund, World Economic Outlook Database, April 2010, S.2, 43, Zugriff 26.01.2011

[46] Das größte Wirtschaftswachstum ist in China mit 10 % gefolgt von Indien von 8,8 %

4. Verkehrslage in EL

Die Beschreibung und Untersuchung der Verkehrslage in EL erfolgt in Abhängigkeit der schwer verfügbaren recherchierten Verkehrsdaten. Für die Verkehrsbedürfnisse der sozial schwachen Bevölkerungsschichten ist das ÖPNV-Angebot trotz seiner teils gravierenden Mängel das Rückgrat des städtischen Transports für die Mehrheit der Bevölkerung neben dem Nichtmotorisierten Verkehr (NMV). Der ÖPNV wird von öffentlichen oder privaten Busunternehmen sowie privaten Paratransit-Betreiber angeboten[47].

Als Verkehrsmittel des Paratransit-Sektors dienen neben Minibusse und umgebauten Pick-ups und Vans auch motorisierte Drei- und Zweiräder. In Manila beispielsweise liegt der Anteil des Paratransit-Sektors bei fast 70 % der Beförderungsfälle, der Anteil mit motorisierten Dreirädern und umgebauten Pick-ups davon liegen bei 52 %[48].

In vielen Städten der EL ist das reguläre ÖPNV-Bus-Angebot durch den Zusammenbruch der staatlichen Busgesellschaften kaum noch existent und hierdurch können sich die Paratransit-Betreiber schnell und flexibel der Nachfrage anpassen. Tarife können auch je nach Bedarf festgelegt werden. Hinsichtlich des Preises und der Flexibilität entspricht dieses Angebot am ehesten den Verkehrsbedürfnissen der Armen. Auf gewinnbringenden Strecken wird das Angebot meist mit Kleinbussen bereitgestellt. Die Breite des ÖPNV-Angebotes nimmt vom Stadtzentrum zum Stadtrand hin ab. Für die am Stadtrand lebenden sozial schwächeren Bevölkerungsgruppen bleiben daher für den Transport innerhalb der Peripherie nur die Drei- oder Zweiräder oder der NMV als Alternative. Das unzureichende Angebot des öffentlichen Personennahverkehrs (PNV) in den Stadtrandzonen und das geringe Haushaltsbudget ergeben lange Fußwege und häufiges Umsteigen und somit lange Reisezeiten, insbesondere bei großen Reiseentfernungen[49].

Die unzureichende verkehrliche Infrastruktur sowie die autozentrierte Verkehrsentwicklung führen oftmals zu ökonomischen, ökologischen und sozialen Problemen. Gerade das Wachstum des motorisierten Individualverkehrs und die gleichzeitige Verschlechte-

---

[47] Paratransit ist eine flexible Personentransportform, die keine Fahrpläne oder festen Routen haben.

[48] R.M. Kaltheier: städtischer Personenverkehr und Armut in Entwicklungsländern, 08/2001, S. 31, 39

[49] http://megacities.homepage24.de/Entwicklungsl-nder, Zugriff 05.06.2007

rung des öffentlichen Verkehrsangebotes bedingen sowohl steigende ökonomische, als auch ökologische Kosten und verstärken die soziale Ungleichheit[50]

4.1 Charakterisierung der Verkehrssituation in EL

Durch die Recherche und aus persönlichen Erfahrungen in Syrien kann die Verkehrssituation in den meisten Entwicklungsländern durch folgende Merkmale charakterisiert werden:

- die Verkehrsangebote sind unbefriedigend, die Nachfrage ist größer als das Angebot im Binnen-, Nah- und Fernverkehr, mangelhafte Quantität und Qualität des Verkehrsangebotes, nicht ausreichende Verkehrsinfrastruktur und Verkehrsanlagen in den Städten und auf dem Land[51],
- erhöhte Luftschadstoffbelastungen und Lärmbelästigung der Wohnbevölkerung besonders in den verstopften Hauptverkehrsstraßen der Innenstädte,
- eine Wahl des Verkehrsmittels ist kaum möglich,
- Verkehrssicherheit und Komfort sind niedrig,
- die Konkurrenz zwischen den vorhandenen Verkehrsmitteln ist begrenzt,
- ein großer unbefriedigter Verkehrsbedarf ist vorhanden,
- autoorientierte Verkehrsplanung, d.h. stark zunehmender motorisierter Individualverkehr (MIV). Der private Autobesitz nimmt stärker zu als der zur Verfügung stehende Straßenraum[52],
- kleine Rolle vom Fahrradverkehr aber großer Anteil von Fußgängern[53],

---

[50] Ch. Mehne: Entwicklungszusammenarbeit für eine angepasste Verkehrsentwicklung in Ostafrika; eine Doktorarbeit an der Universität Trier 2002, S. 103

[51] Vgl. S. Daoud: Entwicklung eines Verfahrens zur Infrastruktur- und Angebotsplanung im Schienenpersonenfernverkehr in Entwicklungsländern, Hannover Universität 1992, S. 10

[52] Er bleibt immer noch niedrig im Vergleich zu Europa aber zu groß für die Straßenkapazität. Vgl. städtischer Personenverkehr und Armut in Entwicklungsländern, GTZ, 08/2001, S. 6 (siehe auch Tabelle 5)

[53] In den ärmeren Ländern besonders in Ostafrika z.B. Kenia, und wegen geringer Finanzstärke eines Großteils der Bevölkerung und dem damit verbundenen mangelnden Zugang zu teuren Transportmöglichkeiten sowie eine unzureichend ausgebaute Infrastruktur bleibt die Fußgängerzahl auf den Pfaden

- schlechte Verkehrsplanung und mangelhafte Management,
- viele Stadtteile ohne ÖPNV-Anschluss, lange Reise- und Wartezeiten, keine Fahrpläne, nicht vorhandene oder unzureichende Umsteigemöglichkeiten, nicht eingehaltene Tarife und überfüllte Busse,
- die Verkehrsunternehmen leiden andererseits unter den schwierigen Rahmenbedingungen wie die zunehmenden Kosten, geringe Finanzierung durch die öffentliche Hand, steigenden Kundenanforderungen, stärkere Konkurrenz durch den MIV und den fehlenden Innovationen und flexiblen Konzepten für eine strategische Lösung des öffentlichen Verkehrs,
- ein besonderes Phänomen in einigen südasiatischen Ländern (Malaysia, Vietnam, Thailand) ist der hohe Motorradanteil an den Beförderungsmitteln auch bei den sozial schwächeren Stadtbewohnern. So haben in der vietnamesischen Metropole Ho-Chi-Minh-Stadt ca. 80-90 % der Haushalte Zugang zu einem Moped[54],
- die starke Bevölkerungszunahme in den Städten führt neben der erhöhten Nachfrage nach Personenverkehrsleistungen zu einem unkontrollierbaren und durch Stadtplanungsmaßnahmen unbeeinflussbaren Wachstum mit Slumbildung an den Stadträndern[55].

4.2 Straßenverkehr in EL

Die Straßenverkehrssituation zeichnet sich durch Luftverschmutzung, Lärm, allgemeines Verkehrschaos, Gedränge in den Gassen, schlechten Straßenzustand, unzureichenden Verkehrsregelungen, fehlende Beschilderung und durch eine aggressive Stimmung aus und meistens haben die Stärkeren und die Schnelleren die Vorfahrt. Die Straßennamen fehlen häufig, die ÖPNV-Haltestellen sind nicht ausgewiesen und werden von mehreren Linien mit unterschiedlichen Zielorten angefahren, so weiß der Fahrgast oft nicht, ob der kommende Bus von ihm benutzt werden kann, weil die entsprechenden Angaben oder Kennzeichen am Fahrzeug häufig fehlen. Die Linien sind auch nicht ge-

---

besonders hoch. Vgl. Ch. Mehne: Entwicklungszusammenarbeit für eine angepasste Verkehrsentwicklung in Ostafrika; eine Doktorarbeit an der Universität Trier 2002, S. 100

[54] R.M. Kaltheier: städtischer Personenverkehr und Armut in Entwicklungsländern, 08/2001, S. 8

[55] H.J. Benger: Die Bedeutung des ÖPNV in Metropolen von Entwicklungsländern, S. 141

kennzeichnet. Der Straßenverkehr spielt jedoch trotzdem die größte Rolle hinsichtlich der Verteilung der Verkehrsnachfrage auf die Verkehrsmittel.

a) **Straßenverkehrslage, Damaskus,** Quelle: www.almohit.com, Zugriff 23.03.2008

b) **ÖPNV, Nairobi,** Quelle: Ch. Mehne

c) **keine gekennzeichnete Linien, Kairo** Quelle: www.almohit.com, Zugriff 23.03.2008

d) **alles möglich, Damaskus,** Quelle: http://www.syria-news.com, Zugriff: 02.11.2010

Abbildung 4: Situation des Straßenverkehrs in EL

4.2.1 Motorisierter Straßenverkehr in EL

Im Allgemeinen nimmt der Motorisierungsgrad im Straßenverkehr kontinuierlich zu. Im Schnitt steigerte sich der Motorisierungsgrad in EL um 1,2 % im Jahr[56]. Aber bei durchschnittlich jährlichen Kapital- und Betriebskosten von ca. 7.000 US $ für einen Pkw und ca. 1.500 US $ für ein Motorrad ist das Eigentum eines motorisierten Fahrzeuges für die breite Bevölkerung in den armen EL (bei durchschnittlichen Prokopfeinkommen von 600 US $ im Jahr) kaum denkbar für die Armen in diesen Ländern[57]. Deshalb bleibt der ÖV der Rückrat des Transportes für die Mehrheit in EL. ÖPNV und ÖPFV Systeme müssen in diesen Ländern gefördert werden.

4.2.2 Nichtmotorisierter Straßenverkehr

In manchen afrikanischen und asiatischen Städten dominiert der Nichtmotorisierte Verkehr NMV, insbesondere der Fußweg. In Vietnam beträgt der Anteil des Fahrradverkehrs am gesamten städtischen Modalsplit selbst in Millionenstädten zwischen 20 und 50 % und neben dem Individualverkehr spielt der NMV auch beim ÖPNV in manchen Städten eine bedeutende Rolle[58]. Holländische und chinesische Studien ermittelten bei einer Fahrrad-Spurweite von 3,50 m eine Querschnittleistungsfähigkeit von ca. 8000 P/h/Richtung, was dabei in der Größenordnung des Busses und sogar darüber liegt[59]. In Deutschland gibt es 64 Mio. Fahrräder, jährlich werden 4,5 Mio. neue Fahrräder gekauft; der Umsatz des Fahrradhandels liegt über 4 Mrd. Euro jährlich; 10 % aller Wege werden mit dem Fahrrad zurückgelegt[60]. Aber das Potenzial des Nichtmotorisierten Verkehrs (Fußwege, Fahrrad, etc.) für eine wirtschaftlich effiziente, ökologisch nachhaltige und armutsorientierten Verkehrsplanung in den meisten EL ist bisher kaum in der Verkehrspolitik berücksichtigt, trotz der Umweltsituation, der beeinträchtigten Lebensqualität auf Grund des Verkehrs, des Ressourcenverbrauchs und der Zahl der Ver-

---

[56] Statistical abstract of the ESCWA region, Stand 2007

[57] R.M. Kaltheier: städtischer Personenverkehr und Armut in Entwicklungsländern, 08/2001, S. 6

[58] R.M. Kaltheier: städtischer Personenverkehr und Armut in Entwicklungsländern, 08/2001, S. 40

[59] R.M. Kaltheier: städtischer Personenverkehr und Armut in Entwicklungsländern, 08/2001, S. 41

[60] Bus & Bahn, 2/2002, S. 6

Verkehrslage in EL

kehrsopfer. Fahrradwege, Fahrradabstellanlagen an Bahn- und Bushaltestellen sind kaum zu sehen, obwohl ihre Bedeutung nicht nur politisch und ökologisch ist, sondern auch wirtschaftlich, gesellschaftlich und verkehrlich. Fußgänger, Radfahrer und ÖPNV bilden gemeinsam einen Umweltverbund.

4.2.3 Bestand an Pkw in ausgewählten EL

Bestand an Pkw ist ein Zeichen für die Wirtschaft und Wohlleben der Menschen. Das muss jedoch verknüpft sein mit guter Verkehrsinfrastruktur. In Deutschland wurde die Anzahl der zugelassenen Personenkraftfahrzeuge (Pkw) mehr als Zehnfach in den letzten 60 Jahren gesteigert. Obwohl diese Steigerung die Bevorzugung des Individualverkehrs von der Politik und die Attraktivitätsabnahme des Bahnangebots zeichnet, war diese Entwicklung mit Verbesserung der Straßenverkehrsinfrastruktur zusammengehängt, so die Straßenverkehrsinfrastruktur und Fahrzeugbestand förderten sich wechselseitig[61]. In EL ist ein zunehmender Motorisierungsgrad auf den Straßen zu sehen aber der Bestand an Pkw ist sehr klein im Vergleich zu den entwickelten Ländern. Trotzdem sind die Straßen verstopft wegen der mangelhaften Straßenverkehrinfrastruktur.

Abbildung 5: verstopfte Straßen in Syrien trotz des kleinen Bestandes an Pkw
Quelle: http://www.damascusmetro.com, Zugriff 15.06.2010

In der nächsten Tabelle wird der Bestand an Pkw in den ausgewählten EL im Vergleich zu Deutschland, Stand 2008, dargestellt:

---

[61] Vgl. P. Mnich: Vorlesung von Betriebssysteme elektrischer Bahnen, 020, Nov. 2006

Verkehrslage in EL

Land	Bestand an Pkw Anzahl [1000]	Je 1000 Einw.		Land	Bestand an Pkw Anzahl [1000]	Je 1000 Einw.
Afrika						
Ägypten[62]	2.307	28		Tunesien	762	73
Algerien[61]	2.036	60		Uganda[61]	56	2
Sudan[61]	845	20		Angola	147	8
Äthiopien[61]	82	1		Benin	143	16
Burkina Faso	110	7		Eritrea	36	6
Ghana	501	21		Kamerun	215	11
Kenia[61]	597	15		Kongo[61]	914	14
Liberia	8	2		Libyen	1445	225
Mali	91	7		Marokko	1.365	40
Tansania[61]	40	1		Nigeria[61]	2.176	15
Asien						
Afghanistan	447	15		Oman	495	174
Bahrain	320	404		Pakistan	1.639	10
Bangladesch[61]	71	1		Irak[61]	872	31
Jordanien	559	94		Syrien	464	22
Katar	472	335		VAE	1.347	293
Kuwait	788	282		Vietnam[61]	532	6
Lateinamerika						
Bolivien	177	18		Kolumbien	1.636	36
Costa Rica	540	118		Peru[61]	856	29
Ecuador	518	38		Venezuela[61]	2.525	96
El Salvador	253	41		Philippinen	1.012	11
Deutschland	**41.321**	**503**				

Tabelle 5: Bestand an Pkw in ausgewählten EL Stand 2008

Quelle: statistisches Bundesamt/statisches Jahrbuch 2010, Eigenbearbeitung

In Tabelle 5 ist zu merken, die niedrige Pkw-Anzahl und Pkw-Besitz in EL im Vergleich zu Deutschland. Die Golfstaaten sind wieder eine Ausnahme.

---

[62] Angaben von 2007

Aber die getöteten Personen im Straßenverkehr im Jahre 2008 waren jedoch 54 je eine Mio. Einwohner in Deutschland und 125 im Schnitt in El[63].

Mit Berücksichtigung der großen volkswirtschaftlichen Kosten eines Pkw (meistens importiert) einerseits, und das Pro-Kopf-Einkommen andererseits, ist die **Beschaffung eines Pkw in den EL teurer als in den entwickelten Ländern**. Trotzdem fehlt in den meisten El ein fähiges öffentliches Verkehrssystem. Das ist eine wichtige Frage an der Verkehrspolitik in EL.

Trotz des großen Pkw-Besitzes in Deutschland, und das ist der Fall fast in allen entwickelten Ländern, verfügt Deutschland über ein hervorragendes öffentliches Verkehrsystem mit sehr guter Verkehrsinfrastruktur.

Die Kapazitätsgrenze der alltäglichen Mobilität in Deutschland ist erreicht. Mobilsein ist nicht mehr ein Lebenszweck; Unterwegszeit pro Person und Tag 1:20 [h:min][64]. In den EL beträgt diese Zeit mindestens 2 Stunden und in vielen Fällen 4 Stunden.

Abbildung 6: Schrittgeschwindigkeit in den Städten Syriens

Quelle: http://www.syria-news.com, Zugriff 30.08.2010

---

[63] statistisches Bundesamt/statisches Jahrbuch 2010, Stand 2008

[64] B. Lenz: Verkehrsprognosen und Verkehrswirkungen, Vorlesung vor der Alumni-Sommerschule, TU Berlin 2010

Verkehrslage in EL

4.3 Schienenbahnenlage in EL

Es wird in diesem Abschnitt die Hauptmerkmale der Schienenlage nach Verfügbarkeit der bezüglichen Daten in den ausgewählten Ländern, also die Schienennetzdichte und die Schienenleistungen, auch im Vergleich zu Deutschland dargestellt:

Land	Streckenlänge- und Dichte			Schienenleistungen			
	km	Km/ [1000] km²	Km/ [100000] Ein.	Personenverkehr		Güterverkehr	
				P Mio.	Pkm Mio.	T Mio.	Tkm Mio.
Afrika							
Ägypten[65]	5.195	5,18	6,15	451	40.837	10	3.840
Algerien	4.723[66]	1,98	13,33	25	937	7	1.562
Äthiopien	781[67]	0,71	0,99	k.A.	k.A.	k.A.	k.A.
Benin	758	6,73	8,23	k.A.	k.A.	k.A.	k.A.
Burkina Faso	622	2,27	3,82	k.A.	k.A.	k.A.	k.A.
Ghana	953	4	3,92	k.A.	k.A.	k.A.	k.A.
Gabun	810	3,14	54,92	0,2	95	4	2.485
Kamerun	977	2,05	4,90	k.A.	k.A.	k.A.	k.A.
Kenia	1917	3,30	4,69	k.A.	226	k.A.	1.399
Kongo	4.007	1,61	5,51	0,5[68]	135	1	331
Mali	733[69]	0,59	5,50	k.A.	k.A.	k.A.	k.A.
Marokko	2.110[70]	4,73	6,52	30	4.190	25	4.111
Mauretanien	728	0,71	21,63	0	47	11	7.566
Nigeria[71]	3.528	3,82	2,23	1	174	0,1[72]	77

---

[65] Davon 1545 km zweigleisig

[66] Davon 417 km zweigleisig

[67] Angaben von 1991

[68] Stand 2005, Quelle: Louis S. Thopmson, Forum Paper 2010-04, OECD/ITF 2010

[69] Angaben von 2002

[70] Davon 600 km zweigleisig

[71] Angaben von 2007

Verkehrslage in EL

Land	Streckenlänge- und Dichte			Schienenleistungen			
	km	Km/ [1000] km²	Km/ [100000] Ein.	Personenverkehr		Güterverkehr	
				P Mio.	Pkm Mio.	T Mio.	Tkm Mio.
Sudan	4.578	1,80	10,44	0,1[73]	40	1,3	766
Tunesien	2.218[74]	12,17	19,19	40	1.493	11	2.073
Uganda[75]	259	1,07	0,77	k.A.	k.A.	1	218
Asien							
Bangladesch	2.835	21,78	1,75	54	5.609	3	870
Irak	2.032	4,62	6,44	0	54	0	121
Jordanien	294	3,29	4,54	k.A.	k.A.	2	353
Pakistan	7.791	9,79	4,22	80	24.731	7	6.187
Syrien	2.139	9,73	8	3	1.120	9	2.370
Vietnam	3.147[76]	7,09	2,64	12	4.659	9	3.910
Lateinamerika							
Bolivien	2.866	2,61	28,57	1,2	313	k.A.	k.A.
Costa Rica	424[77]	8,30	9,14	k.A.	k.A.	k.A.	k.A.
Kolumbien	1.672	1,51	3,66	0,25	k.A.	58	12
Peru	2.020	1,58	6,93	1	55	5	627
Venezuela	336	0,38	1,19	k.A.	k.A.	1	81
Deutschland	33.706	94,38	41,08	1.906	76.997	261	91.178

Tabelle 6: Schienenbahnenlage in den ausgewählten EL, Stand 2008

Quellen: Statistik der Bahn bei UIC, statistisches Bundesamt: Schienennetz Gesamtlänge, Eigenbearbeitung

Durch die schwer verfügbaren Eisenbahndaten in EL, zeigt Tabelle 6, dass die Streckendichte bezüglich der Fläche des Landes (km / 1000 km²) und der Einwohnerzahl

---

[72] Stand 2000, Quelle: Louis S. Thopmson, Forum Paper 2010-04, OECD/ITF 2010

[73] Stand 2005, Quelle: Louis S. Thopmson, Forum Paper 2010-04, OECD/ITF 2010

[74] Davon 290 km zweigleisig

[75] Angaben von 2004

[76] Davon 515 zweigleisig

[77] Angaben von 1996

Verkehrslage in EL

(km / 100 000 Einw.) im Vergleich zu Deutschland und anderen entwickelten Ländern sehr niedrig ist[78]. Die Daten bezüglich Zkm/a sind sehr schwer zu bekommen, aber wo sie verfügbar sind, sind sie auch sehr niedrig. In der Tabelle 7 sind die verfügbaren Daten in manchen EL zu zeigen:

Land	Ägypten	Kamerun	Kongo	Marokko	Maureta-	Sudan	Tunesien	Jordanien	Pakistan	Syrien	Vietnam	Deutsch-
Zkm/a [Mio.]	60	3	1	15	1	7	11	1,2	41	8	24	870

Tabelle 7: Leistung der Eisenbahn in EL bezüglich Zkm/a im Vergleich zu Deutschland
Quelle: Statistik der Bahn bei UIC, statistisches Bundesamt: Schienennetz Gesamtlänge, Eigenbearbeitung

Die Daten wurden nach einzelnen Ländern angegeben. Wenn die Daten nach Regionen betrachtet werden, ist das Ergebnis fast gleich, z.b. im arabischen Raum (22 Länder, in dem die gleiche Sprache gesprochen wird), beträgt die Streckenlänge 25.561 km auf 14 Mio. km². Das ist im Vergleich zu Europa, 270.000 km in 10 Mio. km² auch sehr niedrig[79]. Aber in Staaten des Golfkooperationsrates (GCC) ist heutzutage ein großes Interesse an Eisenbahn, sowohl in den einzelnen Ländern als auch für die ganze Region. Es ist im Plan ein Schienennetz-Projekt zwischen Kuwait, Saudi Arabien, Bahrain, Katar, VAE und Oman. Dieses Netz soll mit dem geplanten Nahost-Schienennetz für Gesamtlänge von 19.000 km verknüpft werden[80].

---

[78] In Frankreich 109,2 km /km², 97,69 km / 100 000 Einw.; in Italien 55,38 km / km², 28,11 km / 100 000 Einw.; in Japan 53,04 km / 1000 km², 15,7 km / 100 000 Einw. (Vgl. K. Karraz,: Schienenverkehr in Syrien zwischen der Wirklichkeit und der Hoffnung, S. 26)

[79] Vgl. J. Zarour: Entwicklung der Eisenbahnelemente im arabischen Raum, 18.10.2001

[80] http://www.zawya.com/projects/project.cfm, Zugriff 01.02.2011

5. Einsatz und Bedeutung der Schiene in der Verkehrsplanung

Mobilität ist eine der zentralen Herausforderungen für Gegenwart und Zukunft. Zuverlässigkeit, Wirtschaftlichkeit, Umweltfreundlichkeit, Schnelligkeit, Flexibilität und Bequemlichkeit sind die Schlagworte, die die Effizienz und Konkurrenzfähigkeit der Verkehrssysteme und Verkehrsträger prägen. Der Schienenverkehr kann ein interessantes Angebot für den Kunden durch den Fahrplan, die Häufigkeit, die Pünktlichkeit, die Fahrpreise sowie den Service und die Zuverlässigkeit sein. Um diese Bedingungen zu erfüllen, die Fahrzeiten zu verkürzen und die Kapazität zu erhöhen, müssen konstruktive und betriebliche Maßnahmen eingesetzt werden, da ohne Bewegung kein Bahnsystem, ohne Regelungen und Abstimmung zwischen Personal, Fahrzeuge und Infrastrukturen, und Kunden, kein sicherer Bahnbetrieb, ohne Sicherheit keine Kunden und ohne Kunden kein Geschäft[81].

5.1 Grundsätzliche Aspekte in der Verkehrsplanung

Verkehrsbedürfnisse werden von den Wechselbeziehungen zwischen Wohnen, Arbeiten, Erholen und andere Aktivitäten erzeugt. Art und Umfang des Verkehrsmittels muss den jeweiligen Transportaufgaben angepasst werden. Der volkswirtschaftliche Gesamtaufwand (Baukosten, Verzinsung, Tilgung, Unterhaltungskosten, Betriebskosten, Zeitkosten) und die externen negativen Auswirkungen des Verkehrs auf die Umwelt sollen nur ein Minimum betragen. Die Menschen sollen möglichst eine hohe Lebensqualität erreichen. Einflussfaktoren für die Verkehrsaufteilung, also die Verkehrsmittelwahl sind Beförderungszeit, Kosten, Zuverlässigkeit, Bequemlichkeit, Verfügbarkeit, Risiken, Status und die Sicherheit.

---

[81] J. Siegmann: Prozessoptimierung und Ressourcenschonung im Bahnbetrieb, ein Vortrag von der Alumni-Sommerschule, TU Berlin 2010

Einsatz und Bedeutung der Schiene in der Verkehrsplanung

5.1.1 Städtische Verkehrspolitik

Ein optimiertes Verkehrsgesamtsystem mit allen unterschiedlichen Zielen ist eine Herausforderung für die Verkehrsplanung. Angebot und Nachfrage bedienen sich gegenseitig. Verkehrsplanung soll die steigende Einwohnerzahl der Städte, die Erhöhung der Lebensstandards, die Ausweitung der Siedlungsflächen, die Konzentration von Arbeitsplätzen in den Kerngebieten und die Trennung von Wohngebieten, Gewerbegebieten, Verwaltungs- und Versorgungsbereichen unter Betrachtung technischer und wirtschaftlicher Gesichtspunkte berücksichtigen. Für einen nachhaltigen Transport müssen ökologische Nachhaltigkeit, Investitions- und Regulierungspolitik, ökonomische Effizienz und soziale Gerechtigkeit betrachtet werden[82] (Abb. 7).

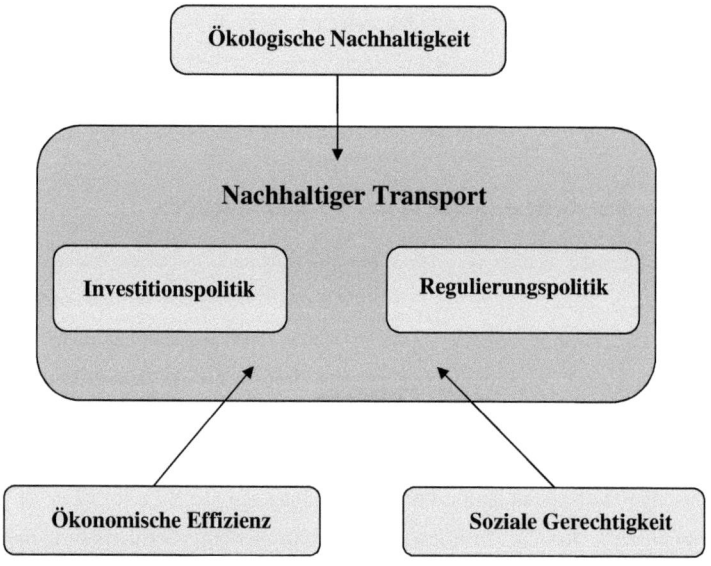

Abbildung 7: das Spektrum der städtischen Verkehrspolitik

Quelle: R.M. Kaltheier: städtischer Personenverkehr und Armut in Entwicklungsländern, Eigenbearbeitung

---

[82] R.M. Kaltheier: städtischer Personenverkehr und Armut in Entwicklungsländern, 08/2001, S. 13; Eigenbearbeitung

Voraussetzungen für eine Neuplanung oder gründliche Überplanung eines Verkehrssystems sind, dass alle mitwirkenden Faktoren mit hinreichender Wahrscheinlichkeit überschaubar sind und dass die zur Verwirklichung des Zieles notwendigen Mittel einschließlich Energieversorgungsmittel (Strom, Diesel, ...) verfügbar sind.

5.1.2 Ziele und Aufgaben der Verkehrsplanung

Ziele und Aufgaben der Verkehrsplanung können wie folgt zusammengefasst werden[83]:

- Mobilität besser verstehen
- Zukünftige Verkehrsbedürfnisse erkennen
- Verkehrsanlagen nachfragegerecht gestalten
- Verkehrsaufwand minimieren
- Verkehr auf das Verkehrsmittel lenken, das die Aufgaben am besten lösen kann
- faire Preise im Verkehr realisieren

Die Verkehrsarten des Umweltverbunds sind zu stärken, ihre Attraktivität zu erhöhen und sie sind noch besser miteinander zu vernetzen. Eine **integrierte Verkehrsplanung** für umweltfreundliche Verkehrsmittel, darunter der motorisierte Individualverkehr (MIV), ist eine Notwendigkeit. Das Vermögen des nichtmotorisierten Verkehrs hilft nicht nur der Umwelt und der Wirtschaft, sondern vergrößert den Einzugsbereich der Bahn- und Bushaltestellen als Zu- und Abbringer.

5.1.3 Verkehrsstrukturplanung

Verkehrsstrukturplanung als Teil der Strukturplanung eines Landes kann wie in dieser Hierarchie (Abb. 8) dargestellt werden:

---

[83] J. Siegmann: Grundlagen der Verkehrsplanung, Modul P10 S. 14

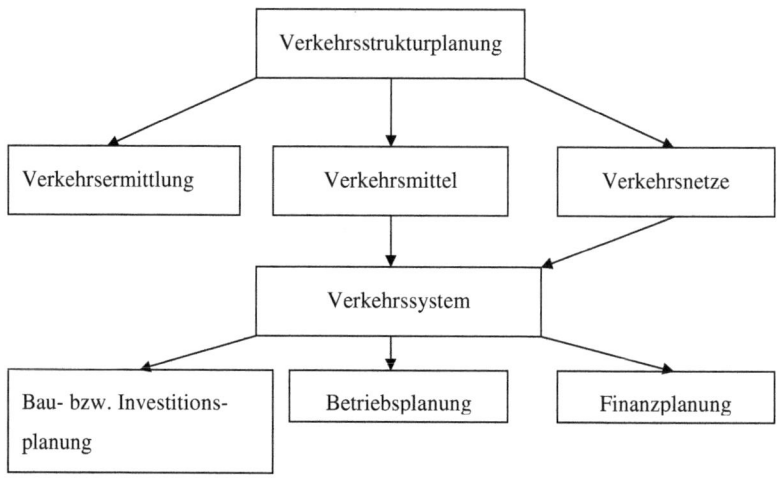

Abbildung 8: Verkehrsplanungshierarchie
Quelle: J. Siegmann, Grundlagen der Verkehrsplanung, Modul P10, S. 15, Eigenbearbeitung

Es sind ständig zu analysieren: die Verkehrsanlagen und Verkehrsmittel; die Verkehrsbeziehungen bzw. die dafür relevanten Größen, die Zeitabhängigkeit des Verkehrsgeschehens; der Verlauf der Verkehrsströme und die quantitativen und qualitativen Schwachstellen[84].

---

[84] J. Siegmann: Grundlagen der Verkehrsplanung, Modul P10, S. 17

5.1.4 Einflussgröße auf der Verkehrsnachfrage

Die Nachfrage wird beeinflusst von:

- der **Fahrtzeit**: Das ist aber abhängig von der Bedeutung der Zeit für die Fahrgäste und die Waren im Vergleich zu den entstehenden Kosten durch Erhöhung der Geschwindigkeit,
- der **Saison**: Landwirtschaftliche, touristische und schulzeitliche Phasen spielen eine sehr große Rolle für die Verkehrsnachfrage und Verkehrsträger,
- **wirtschaftlicher Tätigkeiten**: Im Falle des Aufschwungs z.B. steigert sich die Transportnachfrage für die Versorgung der Produktionsmaterialien und für den Transport von Waren zu ihren Ziele und umgekehrt,
- der **Kosten**: die Fix-, Betriebs-, Infrastruktur-, Instandhaltungs-, Fahrzeug- und Transportskosten spielen eine sehr große Rolle für die Auswahl der Verkehrsträger und auf die Verkehrsnachfragehöhen,
- **Wettbewerb**: Service, Sicherheit und die Preise sind die Hauptfaktoren des Wettbewerbs zwischen den verschiedenen Transportmöglichkeiten,
- der **Entfernungen**: Entfernungen haben direkte Auswirkungen auf die Art der Beförderung, z.B. hat der Pkw die beste Chance auf den kurzen Strecken, die Bahn auf den mittellangen Strecken und das Flugzeug auf den langen Entfernungen,
- **sozialem Nutzen**: Die Verkehrsprojekte erreichen meistens keinen direkten Umsatz, sondern indirekte Einnahmen durch soziales Mehrwert, Geschäftsförderung, Gründung neuer Wohn- und Industriegebiete, was eine wichtige Rolle für bessere Siedlungsstruktur spielt, sowie Erhöhung der Preise der Grundstücke und Einrichtungen, die mit Verkehrsverbindungen gut bedient werden. Der Staat profitiert von diesen Verbindungen für die Verteidigung und die innere Sicherheit.

Einsatz und Bedeutung der Schiene in der Verkehrsplanung

5.1.5 Hauptparameter der Verkehrsträger

Die Hauptparameter der Verkehrsträger lassen sich wie folgt unterscheiden:

- Massenleistungsfähigkeit: Fähigkeit zum Transport von großen Mengen,
- Individualität / Flexibilität,
- Schnelligkeit,
- Netzbildung (Fähigkeit zu flächendeckenden Transporten),
- Bequemlichkeit,
- Berechenbarkeit (Maßstab für die zeitliche Zuverlässigkeit),
- Sicherheit,
- Kosten,
- Ressourcenverbrauch

Die Verkehrsträger weisen unterschiedliche Stärken und Schwächen in ihren Leistungsmerkmalen auf. Damit die Bahn im Wettbewerb gewinnen kann, muss sie für viele Kunden attraktiver sein. Die Fernbusse mit ihrer Effizienz und Flexibilität sind die Hauptkonkurrenten gegenüber der Schiene, die Betriebskosten sind im Vergleich sehr günstig; vom Betreiber muss praktisch keine eigene Infrastruktur vorgehalten werden; die Fahrzeuge stellen die größte Kapitalbindung und die Busfahrer die größte Personalgruppe dar, deshalb reichen geringe Verkehrsaufkommen aus, die Betriebskosten zu decken[85]. In den meisten EL ist die Konkurrenz zwischen dem Bus und der Schiene noch größer, da der Inlandsflug eine kleine Rolle spielt.

5.1.6 Wechselbeziehungen zwischen Verkehr und sozioökonomischen Effekten

Die Wechselbeziehungen zwischen Verkehr und sozioökonomischen Effekten zeigt das folgende Schema[86]. (Abb. 9).

---

[85] vgl. T. Hauswald: Technisch-wirtschaftliche Bewertung von Bahnprojekten des Hochgeschwindigkeitsverkehrs, S. 66

[86] J. Siegmann: Grundlagen der Verkehrsplanung Modul P10, s. 6

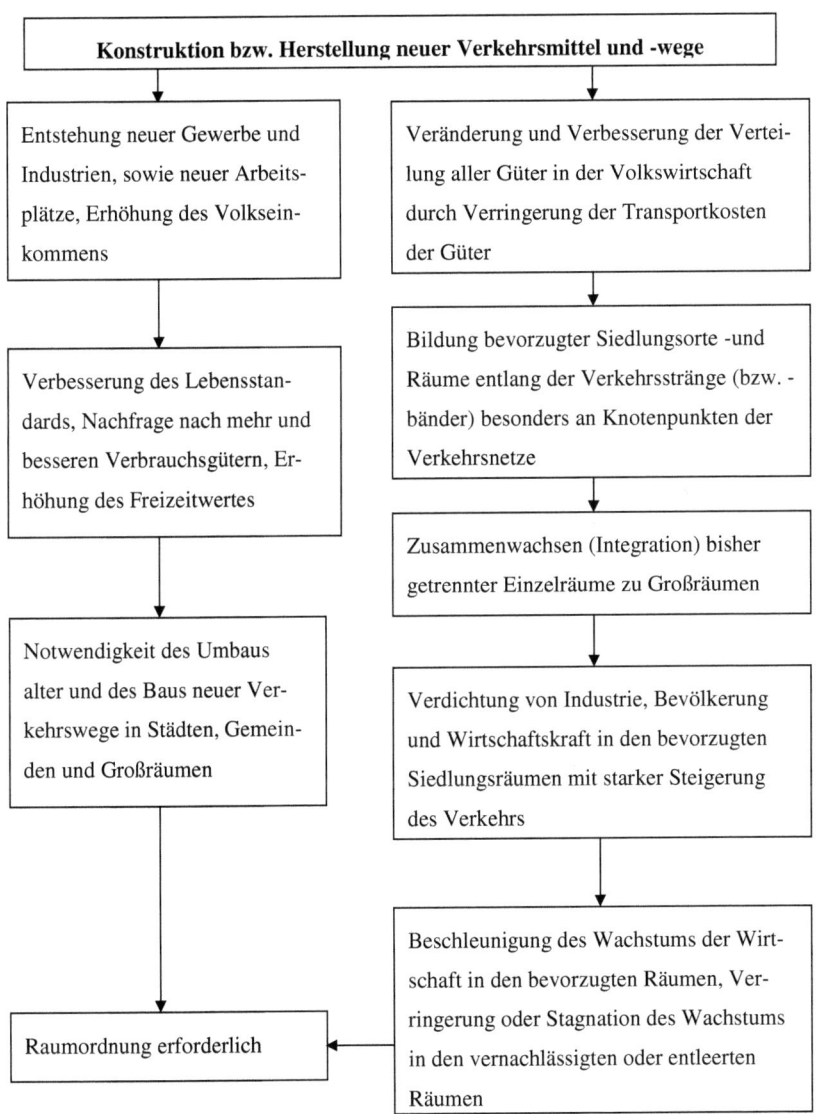

Abbildung 9: Wechselbeziehungen zwischen Verkehr und sozioökonomischen Effekten
Quelle: J. Siegmann: Grundlagen der Verkehrsplanung Modul P10, s. 6

5.2 Indikatoren für den Bedarf von Schienenbahnen

Die spurgeführten Systeme können mit geringerem Flächenbedarf im Vergleich zu Pkw eine Rückgratfunktion als Massenleistungsverkehrsmittel übernehmen. Angesichts der mehrjährigen Planungs- und Bauzeiten für Schienenaus- und Neubauprojekte und ihrer hohen Investitionen für die Verkehrsmittel, werden hohe Anforderungen an die Genauigkeit der Prognosen und Planungen gestellt. Einerseits soll die Infrastruktur für eine lange Nutzungszeit geplant werden, um eine effiziente und nachhaltige Bewältigung des künftigen Personen- und Güterverkehrs zu gewährleisten und andererseits, muss die Strategie des Landes diese langfristigen Projekte, die Änderungen und die Entwicklungen insbesondere den nachfrageorientierten Verkehrsbedarf des Landes inzwischen berücksichtigen.

Bahnfahrgäste erwarten vor allem Pünktlichkeit und Sicherheit. Um diese Bedürfnisse erfüllen zu können, muss das gesamte Schienennetz in hoher Qualität gehalten werden. Hindernisse und Schwachpunkte müssen bewältigt und ausreichende Redundanzen eingebaut werden. Fahrgäste müssen zeitnah über Gründe einer Verspätung und die Anschlussmöglichkeiten informiert und ggf. Kosten erstattet werden.

Die Größe und geografische Lage eines Landes, die Struktur, die räumliche Verteilung der Bevölkerung, die Verteilung der natürlichen Ressourcen und das Einkommen sowie die wirtschaftliche und politische Verfassung beeinflussen den Verkehrsbedarf und die Verkehrsmöglichkeiten des Landes maßgeblich. Somit ist die Verkehrsstruktur ein nahezu länderspezifisches Phänomen.

Die wichtigsten Indikatoren für den Bedarf von Schienenbahnen können wie folgt abgegrenzt werden:
- Erwartete Steigerung des Straßengüter- und Personenverkehrs bei absehbaren Überlastungen der Straßenverkehrsnetze,
- Umweltverschmutzung durch verkehrsbedingte Belastungen (Lärm, Staub, Stickoxid, Kohlendioxid),
- Zunahme der Motorisierung,
- Demografische Entwicklung und Bevölkerungswachstum,
- Zentralisierung der Wohn- und Verwaltungszentren,

5.3 Marktbereich der Bahn

Als Verkehrsträger werden Eisenbahn, Straßenverkehr, Binnenschifffahrt, Luftverkehr, Seeschifffahrt und Rohrfernleitungen abgegrenzt; Transportobjekte sind Personen, Güter und Nachrichten. Unter den Verkehrsmitteln wird unterschieden zwischen individuellem und öffentlichem Verkehr. Individualverkehrsmittel sind Fußgänger, Fahrrad, motorisiertes Zweirad, Personenkraftwagen (Pkw) und das Straßengüterfahrzeug; öffentliche Verkehrsmittel sind Eisenbahn, der öffentliche Personennahverkehr (ÖPNV) und der Luftverkehr. Private Busanbieter, Taxi, Mietwagen werden im Personenverkehr dem öffentlichen Verkehr ebenso zugeordnet. Bei den öffentlichen Verkehrsmitteln besitzen individuelle Erreichbarkeit (z.b. Entfernung von Haltepunkten) und Beförderungspreise einen hohen Stellenwert[87].

Pkw und Lkw besitzen in Verbindung mit einem dichten Straßennetz eine hohe Anpassungsfähigkeit an die Transportaufgaben und im Unterschied zu allen anderen Verkehrsmitteln haben sie die Möglichkeit der „Haus zu Haus Bedienung". Mit dem Pkw wird heute, bis auf wenigen Ausnahmen, noch eine mittlere Geschwindigkeit von etwa 100 km/h erreicht. Abweichungen nach unten kommen insbesondere in den Hauptverkehrszeiten vor.

Luftverkehr zeigt die Vorteile mit seiner hohen Geschwindigkeit bei großen Entfernungen, aber mit großer Zu- und Abgangszeit. Die reinen Flugzeiten für Entfernungen von etwa 700 km liegen heut bei etwa 50 bis 65 Minuten.

Die Eisenbahn besitzt im Unterschied eine hohe Massenleistungsfähigkeit sowohl im Personenverkehr (PV) als auch im Güterverkehr (GV) und kann ihre Leistungs- und Kostenvorteile am deutlichsten im Taktverkehr im PV, sowie in Direktzügen (Ganzzüge, zusammengestellte Wagengruppen) zwischen Empfängern und Versendern oder Umschlagstellen im GV umsetzen[88]. Um im schnellen Personenfernverkehr konkurrenzfähiger zum Auto und Flugzeug zu werden, müssen Reisegeschwindigkeiten mit der Bahn von etwa 150 km/h und mehr im mittleren Entfernungsbereich erreicht werden[89].

---

[87] Vgl. G. Aberle, Transportwirtschaft, 5. Auflage, S. 7, 18

[88] Vgl. G. Aberle, Transportwirtschaft, 5. Auflage, S. 20

[89] P. Mnich: Vorlesung von Betriebssysteme elektrischer Bahnen, 040, Nov. 2006

Die Abbildung 10 zeigt den Marktbereich der Bahn. Im Verbindungsbereich von 200 bis 400 km zwischen den wichtigen Großstädten und durch Verringerung der Ab- und Zugangszeit vom/zum Bahnhof, hat die Schiene ihre Chance gegenüber dem Pkw eine Konkurrenz darzustellen.

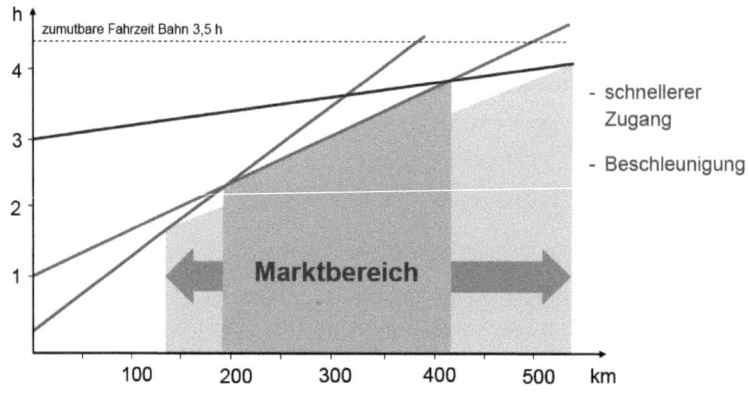

Abbildung 10: Marktbereich der Bahn in Vergleich zu Straßen-, und Luftverkehr
J. Siegmann: Qualitäten und Kostenstrukturen für ein Marktbestehen der Bahn

5.4 Vor- und Nachteile des Eisenbahnsystems

Um in Entwicklungsländern die Wichtigkeit der Eisenbahnen einschätzen zu können, werden in diesem Kapitel die wesentlichen Vor- und Nachteile der Eisenbahn im Vergleich mit den anderen Verkehrsmitteln bezüglich ökologischer, verkehrlicher, sicherheitlicher, geografischer und demografischer Aspekte nach Werten, Maßnahmen und Erfahrungen in Deutschland und anderen Beispielländern beleuchtet.

Die Hauptnachteile der Eisenbahn liegen vor allem in:

- geringe Flexibilität und hoher Aufwand beim Transport-Service von Tür zu Tür, so müssen daher andere Transportmittel sowohl für den Personenverkehr, als auch für Güterverkehr insbesondere Pkws und Lkws im Vor- und Nachlauf zur Bahn eingesetzt werden,

- hohen Bau- und Instandhaltungskosten für die Strecken und Bahnhöfe, sowie in einem hohen Aufwand für Zugsicherung und Zugbildung.

Der Schienenverkehr hat aber bewiesen, dass er viele Spezifikationen und Vorteile hinsichtlich Sicherheit, Umweltfreundlichkeit, Komfort, Automatisierbarkeit und Fähigkeit zum Transport einer großen Anzahl von Passagieren und riesigen Gütermengen mit hoher Geschwindigkeit ohne häufiges Be- und Entladen aufweist. Mit diesen wesentlichen Vorteilen kann die Schiene eine konkurrenzfähige Alternative zum Individualverkehr sein[90].

5.4.1 Ökologische Aspekte

Solange Waren, Güter und Menschen zu transportieren sind, werden deutliche Spuren in der Umwelt durch den Verbrauch von natürlichen Rohstoffen und durch klimaschädliche Abgase hinterlassen. Jede Art der Mobilität hat Auswirkungen auf die Umwelt: Energieverbrauch, Ausstoß von Luftschadstoffen und Klimagasen sowie Lärm und Flächenverbrauch.

Bis in die 1970er Jahre wurden städtische Verkehrsprojekte zunächst auf Basis von Kosten-Nutzen-Analysen (KNA) geplant. In den 1980er Jahren kam der ökologischen Nachhaltigkeit mit der Einführung von Umweltverträglichkeitsprüfungen eine wachsende Bedeutung zu[91]. Heutzutage ist eine effiziente Lösung zwecks Verringerung der verkehrsbedingten Umweltbelastungen ein Transportprozess.

Fahren mit der Bahn ist die umweltschonende Alternative zum Autofahren und Fliegen. Bei guter Auslastung ersparen Bahnen der Umwelt Treibhausgase, Lärm, Schadstoffe, Energieverbrauch und Flächenverbrauch[92]. Das sind die wichtigen Kriterien, um die motorisierten Verkehrsmittel unter ökologischen Aspekten miteinander zu vergleichen:

---

[90] Vgl. J. Siegmann: Wege zu einer anforderungsgerechten und wirtschaftlichen Güterbahn, S. 3

[91] R.M. Kaltheier: städtischer Personenverkehr und Armut in Entwicklungsländern, 08/2001, S. 12

[92] VCD Bahntest 2009: Die Mobilitätsbedürfnisse von Fahrgästen und potenziellen Fahrgästen der Bahn

Einsatz und Bedeutung der Schiene in der Verkehrsplanung

5.4.1.1 CO$_2$ Emissionen

Der Klimawandel ist derzeit eines der bedrohlichsten Umweltprobleme der Menschheit. Der so genannte Treibhauseffekt führt dazu, dass sich das Weltklima aufheizt mit dramatischen Folgen. Für den weltweiten Klimawandel ist insbesondere das Treibhausgas Kohlendioxid (CO$_2$) verantwortlich. Der Verkehr ist einer der Hauptproduzenten klimaschädigender Treibhausgase (14 %). Von diesen verkehrsbedingten Kohlendioxidemissionen verantworten Pkw und Lkw mit 68 % den größten Anteil (Abb. 11)[93].

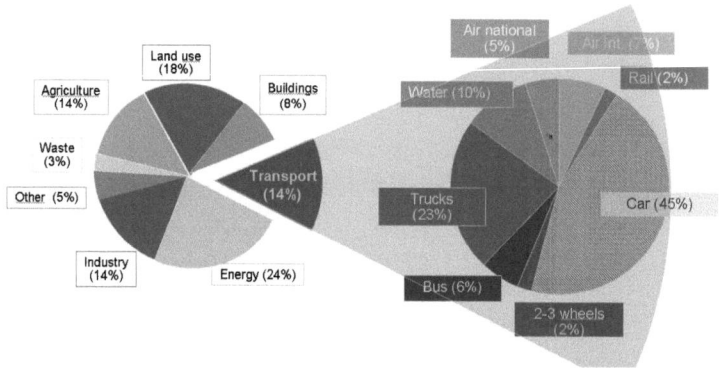

Abbildung 11: Anteil des Verkehrs von Gesamt-CO$_2$-Emissionen

Quelle: Stern Review, basis data from World Resources, Institute Climate Analysis Indicators Tool (CAIT) on-line database version 3.0

Die Schiene hat einen klaren Umweltvorteil hinsichtlich der CO$_2$ –Emissionswerte der einzelnen Verkehrsträger[94]. Sowohl im Personen-, als auch im Güterverkehr gilt: Die Bahnen sind bei gleicher Leistung um ein Vielfaches klimafreundlicher als ihre Konkurrenten auf der Straße oder in der Luft[95]. Aus diesem Grund zählt der Weltklimarat die „Verlagerung vom Straßenverkehr auf die Schiene und öffentliche Verkehrssysteme" zu

---

[93] In anderen Quellen wird Anteil des Verkehrs mit 18 % und Anteil der Pkw u. Lkw mit 87 % gerechnet. Vgl. C. Langowsky, Bahn und Umwelt, Nachhaltigkeit im Verkehr, S. 20

[94] R. Pörner, ETR, 09/2008, S. 508,512

[95] http://www.allianz-pro-schiene.de/umwelt/co2-emissionen, Zugriff 21.12.2010

den wichtigsten aktuell verfügbaren „Schlüsseltechnologien und -praktiken zur Emissionsminderung".

Im Personenverkehr verursacht ein Pkw CO_2-Emission in Höhe von durchschnittlich 141 Gramm pro Personenkilometer (g/Pkm). Auf der Schiene liegt der Wert 66 g/Pkm bei weniger als die Hälfte, vgl. Abb. 12. Wird nur der Fernverkehr betrachtet, so schneidet das Auto sogar mehr als dreimal schlechter ab als der Zug. Noch schlechter ist die Klimabilanz des Flugzeugs: Nach Angaben des Weltklimarats ist die Klimawirkung des Luftverkehrs zwei- bis viermal schädlicher, als die reinen CO_2-Werte es anzeigen.

Im Güterverkehr schneiden die Bahnen mit rund 23 g/Tkm mehr als 4-mal besser ab als der Lkw mit 97 g/Tkm und liegen wiederum – noch vor dem Binnenschiff – als CO_2-Sparer auf Platz eins vgl. Abb. 13. Im Güterverkehr verhindert die Verlagerung der Verkehrsleistung von allein einem Prozentpunkt von der Straße auf die Schiene den Ausstoß von jährlich rund 500 000 Tonnen CO_2.

In Deutschland trägt der Verkehr mit einem Fünftel maßgeblich zu den Treibhausgasemissionen bei. Davon hat die Schiene einen Anteil von 6 % an den Treibhausgasemissionen des Transportsektors, am gesamten Emissionsvolumen sogar nur 1 %.

Pkw	Lkw	Schiene	Inlandsflugverkehr	sonstiges
59 %	28 %	6 %	1 %	6 %

Tabelle 8: Treibhausgasemissionen des Transportsektors in Deutschland
Quelle: ETR, 09/2008, S. 508

Allein die Marktanteilsgewinne der Neubaustrecke Madrid-Barcelona (die bislang mit 70 Flugverbindungen pro Tag am dichtesten beflogene Inlandsverbindungen Europas) senkten die CO_2-Emissionen Spaniens um 140 000 Tonnen pro Jahr. **Die Einnahmen aus dem Emissionshandel könnten einen Beitrag zur Finanzierung weiterer Schienenwege leisten**[96].

---

[96] M. Clausecker, ETR, 9/2008, S. 499

Einsatz und Bedeutung der Schiene in der Verkehrsplanung

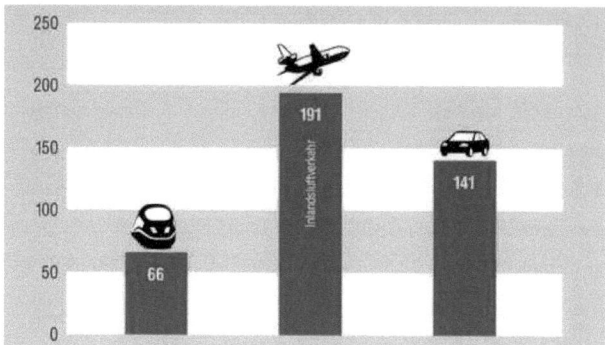

Abbildung 12: CO$_2$-Emissionen im Personenverkehr in Europa (CO$_2$ in g/Pkm)

Quelle: Institut für Energie- und Umweltforschung, Datenbank Umwelt & Verkehr, 2008

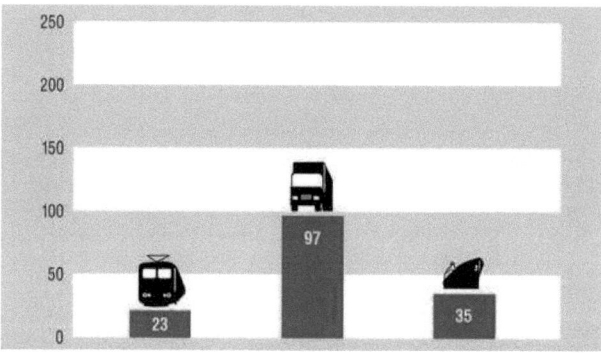

Abbildung 13: CO$_2$-Emissionen im Güterverkehr in Europa (CO$_2$ in g/tkm)

Quelle: Institut für Energie- und Umweltforschung, Datenbank Umwelt & Verkehr, 2008

5.4.1.2 Energieverbrauch

Der hohe Anteil des Straßenverkehrs an der gesamten Verkehrsleistung ist dafür verantwortlich, dass der Verkehrssektor zu einem der größten Energieverbraucher überhaupt geworden ist[97]. Der geringe Energieverbrauch beim Transport großer Massen über weite Strecken ist einer der größten Vorteile des Bahnsystems. Die Ölunabhängigkeit bei Bahnsystemen ist auch von großer Bedeutung besonders für die ölimportieren-

---

[97] http://www.allianz-pro-schiene.de/umwelt/energieverbrauch, Zugriff 21.12.2010

Einsatz und Bedeutung der Schiene in der Verkehrsplanung

den Länder. Wird als Bezugsbasis der Transport einer definierten Menge über eine bestimmte Entfernung gewählt, mit Berücksichtigung des Zusammenhangs zwischen dem Energieverbrauch und Personal, zeigen sich vor allem bei der Binnenschifffahrt, aber auch bei der Bahn, außerordentlich günstige Arbeitsproduktivitätswerte. So kann im Güterverkehr ein schiebendes Motorgüterschiff in der Rheinfahrt 4.000 t und mehr mit drei Besatzungsmitgliedern bewältigen, bei der Bahn ein Lokführer einen Zug mit 1.000 t Nutzlast fahren, während im Straßengüterverkehr für maximal 27 t Nutzlast mindestens ein Fahrer eingesetzt werden muss[98].

Die Zahlen machen deutlich, dass der Schienenverkehr ein besonders günstiges Verhältnis von Energieeinsatz und Transportleistung aufweist[99]. Im Personenverkehr verbraucht die Bahn bei gleicher Leistung nur gut die Hälfte der Energie, die ein Pkw benötigt. Gegenüber dem Flugverkehr ist die Fahrt im Fernzug sogar rund dreimal energieeffizienter (Abb. 14). Im Güterverkehr ist die Energieeffizienz der Schiene noch durchschlagender: Lkw benötigen über dreimal mehr Energie als die Bahnen für dieselbe Verkehrsleistung (Abb. 15).

Mit moderner Bahntechnik und unter Berücksichtigung des Flächenverbrauchs wird die Bahn in Zukunft noch leistungsfähiger werden und als einer der klima- und umweltfreundlichsten Verkehrsträger gelten.

---

[98] G. Aberle, Transportwirtschaft, 5. Auflage, S. 274

[99] J. Siegmann: Wege zu einer anforderungsgerechten und wirtschaftlichen Güterbahn, S.3

Einsatz und Bedeutung der Schiene in der Verkehrsplanung

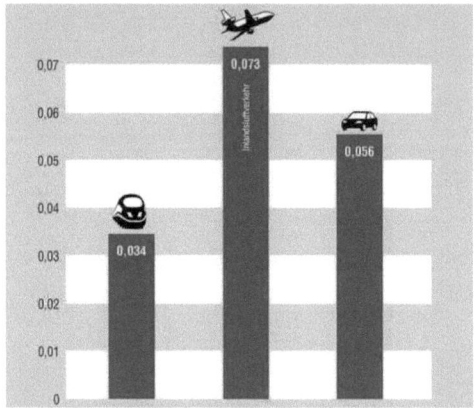

Abbildung 14: Primärenergieverbrauch im Personenverkehr, Dieseläquivalent in l/Pkm
Quelle: Institut für Energie- und Umweltforschung, Datenbank Umwelt & Verkehr, 2008

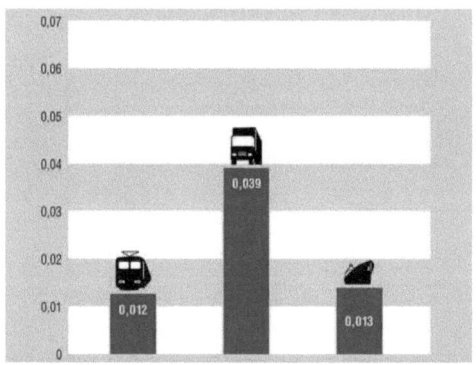

Abbildung 15: Primärenergieverbrauch im Güterverkehr, Dieseläquivalent in l/tkm
Quelle: Institut für Energie- und Umweltforschung, Datenbank Umwelt & Verkehr, 2008

In den Entwicklungsländern können die Werte des Energieverbrauchs und CO_2-Emissionen verdoppelt werden, unter Berücksichtigung von dem Alter der Autos und der mangelhaften Wartungsmaßnahmen z.B. der spielerischen Hauptuntersuchungen. Das ist wieder abhängig von Korruption, da manchmal die Hauptuntersuchung nur auf dem Papier gemacht wird.

Einsatz und Bedeutung der Schiene in der Verkehrsplanung

5.4.1.3 Flächenverbrauch

Flächenverbrauch bei der Schiene im Vergleich zur Transportkapazität ist geringer als bei dem Bau von Straßen oder Flughäfen. Beispielsweise nimmt ein einziger Flughafen mehr Platz in Anspruch als eine Bahnstrecke des französischen „Train à Grand Vitesse" (TGV) von 500 km Länge. Auf einer zweispurigen Bahnstrecke werden pro Stunde ebenso viele Menschen transportiert wie auf einer 16-spurigen Autobahn[100]. Die Regelquerschnitte in Deutschland bilden den aktuellen Standard der Bauverordnungen ab, so dass sich der Flächenverbrauch von Straße und Schiene ausrechnen lässt. Als Beispiel und im Vergleich zwischen der Autobahn A 9 und der Hochgeschwindigkeits-Schienenstrecke von Nürnberg nach Ingolstadt in Deutschland – beide Verkehrswege verlaufen weitgehend parallel, beide sind für den Verkehr von Personen und Gütern mit hoher Geschwindigkeit angelegt: Pro Kilometer Streckenlänge ergibt sich für eine solche sechsspurige Autobahn eine Verkehrsfläche von rund 3,6 Hektar. Bei der zweigleisigen Schienenstrecke sind es rund 1,2 Hektar Verkehrsfläche pro Kilometer, d.h. der Flächenverbrauch der Autobahn ist dreimal größer als bei der Schiene[101]. Beim Thema Flächenverbrauch muss auch der Verkehr in den Städten, besonders das Parkplatz-Problem berücksichtigt werden. Immer mehr Pkws benötigen immer mehr Parkraum. Tatsächlich fährt der durchschnittliche Pkw nicht einmal eine Stunde pro Tag – über 23 Stunden steht er still. Der öffentliche Verkehr beansprucht dagegen systembedingt deutlich weniger Stellfläche als der Individualverkehr[102].

Volks- und betriebswirtschaftliche Effizienz und eine langfristig ökologische Nachhaltigkeit sollen durch eine geeignete Stadtentwicklung und Regionalplanung parallele Teilziele der Bahnprojekte bleiben, da die externen Kosten der Umweltbelastungen und Unfälle etc. langfristig zu einer negativen gesamtwirtschaftlichen Rentabilität führen können.

---

[100] Ch. Mehne: Entwicklungszusammenarbeit für eine angepasste Verkehrsentwicklung in Ostafrika; eine Doktorarbeit an der Universität Trier 2002, S. 141

[101] http://www.allianz-pro-schiene.de/umwelt/flaechenverbrauch, Zugriff 21.12.2010

[102] http://www.allianz-pro-schiene.de/umwelt/flaechenverbrauch, Zugriff 21.12.2010

Einsatz und Bedeutung der Schiene in der Verkehrsplanung

5.4.2 Demografische Aspekte

Demografie und Verkehr sind untrennbar. In diesem Kapitel werden die Wechselwirkungen zwischen Schienenverkehr und Demografie bezüglich Bevölkerungswachstum, Siedlungsstruktur, Verkehrsangebot- und Nachfrage und Verkehrsaufkommen betrachtet.

5.4.2.1 Bevölkerungswachstum

Der Mobilitätsbedarf steigt mit dem Wachstum der Städte. Als Faustregel gilt: pro 1000 Einwohner Zuwachs entstehen 350 zusätzliche tägliche Beförderungsfälle[103].

Im Jahre 1975 lag der Anteil der städtischen Bevölkerung in EL unter einem Drittel, in 2000 aber bei über 50 %[104]. In Lateinamerika, Afrika und Asien wird sich zwischen 2000 und 2025 die Stadtbevölkerung verdoppeln[105], was eine Verstärkung der Verkehrsprobleme ergibt. Südlich der Sahara leben in Afrika rund 750 Millionen Menschen in 48 Staaten. Für das Jahr 2020 erwartet die Weltbank dort mehr als eine Milliarde Einwohner[106]. Nach Schätzungen der Vereinten Nationen werden 2015 rund 395 Millionen Menschen in der Region Naher Osten und Nordafrika (Middle East and North Africa, MENA) leben, 2007 waren es 317 Millionen[107]. Die heutigen Verkehrsnetz -und mittel können in diesen Regionen dieses Bevölkerungswachstum nicht verkraften. Ein leistungsfähiges Verkehrssystem ist eine Notwendigkeit. Das Bahnsystem kann dieses Bedürfnis, wie es in den nächsten Kapiteln erläutert wir, erfüllen.

---

[103] R.M. Kaltheier: städtischer Personenverkehr und Armut in Entwicklungsländern, 08/2001, S. 6

[104] Bundes Ministerium für wirtschaftliche Zusammenarbeit und Entwicklung (BMZ); spezial 015, 05/2000, S. 4

[105] R.M. Kaltheier: städtischer Personenverkehr und Armut in Entwicklungsländern, 08/2001, S. 1

[106] http://www.bmz.de/de/was_wir_machen/laender_regionen/subsahara/index.html, Zugriff 03.09.2010

[107] http://www.bmz.de/de/was_wir_machen/laender_regionen/naher_osten_nordafrika/index.html, Zugriff 08.09.2010

Einsatz und Bedeutung der Schiene in der Verkehrsplanung

5.4.2.2 Verkehrangebot und Siedlungsstruktur

Die junge Bevölkerung in EL konzentriert sich in den Großstädten. Hauptgründe dafür sind die mangelhaften Verkehrsverbindungen zwischen Groß- und Kleinstädten, sowie zwischen der Innenstadt und dem Stadtrand. Viele Menschen bevorzugen am Stadtrand der Stadt zu wohnen, wenn eine gute Verkehrsanbindung vorhanden ist. Nur ein fähiges Verkehrsnetz zwischen den Städten, Dörfern, Industriegebieten und archäologischen und touristischen Zentren kann die hohe Dichte und die Bevölkerungskonzentration in den Kernstädten und das davon entstehende Wohnungsproblem verringern.

Die Verkehrsplanung muss auf die räumlichen und sozialen Änderungen und auf die zukünftigen Mobilitätsbedürfnisse achten. Hierzu ist eine umfassende, konsistente und stetig aktualisierte statistische Datenbasis von Haushalts- und Verkehrsbefragungen im lokalen Kontext und der Flächennutzungsplanung notwendig[108].

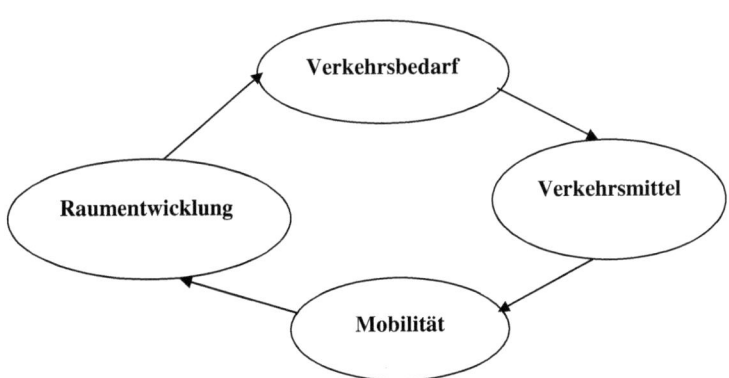

Abbildung 16: Wechselbeziehungen zwischen Verkehrsbedarf, Mobilität, Raumentwicklung und Verkehrsmittel
Quelle: J. Siegmann: Grundlagen der Verkehrsplanung Modul P10, s. 5

---

[108] J. Siegmann: Grundlagen der Verkehrsplanung Modul P10, S. 5

Einsatz und Bedeutung der Schiene in der Verkehrsplanung

Die Stadtplaner sollen die flächeneffizienten Verkehrsmittel in das Transportwesen integrieren[109]. In allen Städten, die gute Schienenbahnverbindungen haben, befindet sich die Bevölkerungskonzentration nicht im Stadtzentrum, sondern verteilt sich in die Umgebung der Stadt, da für mehr Menschen immer die Bahn zum Verkehrsmittel die erste Wahl geworden ist. Die Bahn ermöglicht Mobilität zwischen Ballungsräumen sowie innerhalb der Großstädte, da sie einen schnellen, stressarmen und vor allem umweltfreundlichen Verkehr garantiert und bei Stärkung der Stadtteil- und Nebenzentren hilft, was zur **dezentralen Konzentration** führt. Dadurch bleibt das Stadtzentrum ein Platz für den Tourismus, Hotels, besondere Märkte sowie die Verwaltungsbehörden. Die U- und S-Bahnhöfe werden auch Zentren für neue moderne Vororte mit guter Verbindung mit dem Stadtzentrum schaffen ohne übermäßig viel MIV zu erzeugen.

Ein gutes Verkehrsangebot kann auch eine Rolle für die soziale Gerechtigkeit spielen. Die Mehrheit der Einwohner in EL kann sich weder ein Auto noch eine Flugreise, wenn die Möglichkeit vorhanden ist, leisten. Das Auto ist in vielen Fällen ein Symbol für Prestige und Schichtendifferenzierung. Die Bahn ist für diesen Teil der Bevölkerung die wichtigste Fortbewegungsmöglichkeit über mittlere und große Distanzen, was die sozialen Randgruppen fördert.

5.4.2.3 Verkehrsangebot- und Nachfrage

Angebot und Nachfrage im Verkehr sind wechselseitig, deshalb muss die Verkehrsplanung vorausschauend dieses Zusammentreffen optimieren. Die Genauigkeit der Prognosen und Planung ist eine Notwendigkeit hinsichtlich der mehrjährigen Bauzeiten für die Verkehrswege und der hohen Investitionen für die Verkehrsmittel. Das Verkehrsangebot wird durch die vorhandene Infrastruktur und die Verkehrsmittel geprägt. Aufbauend auf Erreichbarkeit und Systemkapazität resultiert die folgende Gruppierung der Verkehrsmittel[110]:

---

[109] Ch. Mehne: Entwicklungszusammenarbeit für eine angepasste Verkehrsentwicklung in Ostafrika; eine Doktorarbeit an der Universität Trier 2002, S. 105

[110] R.M. Kaltheier: städtischer Personenverkehr und Armut in Entwicklungsländern, 08/2001, S. 15

Gruppe 1 (normaler Bus, Sammeltaxi, Zwei- / Dreiradtaxi, Fahrrad, Fußgänger):
Niedrige Systemkapazität: 2000-5000 P/h/Richtung;
Kommerzielle Geschwindigkeit: 5-10 km/h;
Erreichbarkeit (in 30 Minuten): 2,5 – 5 km;
Geeignet für Peripherie-Verbindungen und Zubringerverkehr zu leistungsfähigen Massenverkehrsmitteln sowie für Verteilerverkehr in der Innenstadt.

Gruppe 2 (Exklusive Busfahrbahn, Eigenkörper Straßenbahn / Stadtbahn)
Mittlere Systemkapazität: 10.000-15.000 P/h/Richtung;
Kommerzielle Geschwindigkeit: 15-30 km/h;
Erreichbarkeit (in 30 Min.): 8-15 km;
Geeignet für mittelgroße und große Verkehrsaufkommen und Stadtrand-Zentrumsverkehre bis 20 km Distanz (Städte von ca. 1-1,5 Mio. Einwohnern, auch für Peripherie-Peripherie-Verkehr und als Zubringer in Megastädten)

Gruppe 3 (aufgeständerte oder unterirdische Metro, Vorortbahn)
Hohe Systemkapazität: 30.000 – 40.000 P/h/Richtung (in Einzelfällen bis über 80.000, z.B. Hongkong);
Kommerzielle Geschwindigkeit: 30-50 km/h;
Erreichbarkeit (in 30 Min.): 15-25 km;
Geeignet für Hauptverkehrsachsen (Stadtrand-Zentrum, im Zentrum) von großen Millionen- und Megastädten (über 2-3 Mio. Einwohner).

Bei der Alternativenwahl müssen die jeweiligen lokalen Bedingungen (Topografie, Klima, vorhandene Bahnstrecken, soziokulturelle Einschränkungen und die Kosten berücksichtigt werden[111].

5.4.2.4 Prognose des Verkehrsaufkommens

Wegen der hohen Investitionen für die Eisenbahninfrastruktur einerseits und dem personellen und organisatorischen Aufwand andererseits zeichnet sich der Schienenverkehr durch erhebliche Fixkosten aus. Die variablen Kosten sind abhängig von den Leistungskilometern. Deshalb ist das Verkehrsaufkommen von großer Bedeutung für die Eigen-

---

[111] J. Siegmann: Wege zu einer anforderungsgerechten und wirtschaftlichen Güterbahn, S. 2

wirtschaftlichkeit der Bahnprojekte und je nach Auslastungsgrad kann der Bahnverkehr preiswert angeboten werden.

Das Verkehrsaufkommen misst die im Personenverkehr beförderten Personen (Beförderungsfälle) bzw. im Güterverkehr transportierte Tonnen[112]. Das Verkehrsaufkommen im Personenverkehr wird im einfachsten Fall nach der Anzahl der Einwohner und dem Widerstand durch den Abstand zwischen zwei Zellen bestimmt. Nach Lill liegt die Anzahl der Reisenden (*CR*) zwischen zwei Orten gemäß dem Gravitationsansatz demnach bei

$$CR = k \frac{ExF}{L^2} \text{ wobei:}$$

k eine feste Konstante ist, E und F für die Einwohnerzahlen der zwei betrachteten Orte stehen und L für die Entfernung zwischen den Orten in Eisenbahnkilometern ist[113].

Diese Formel berücksichtigt aber keine konkurrierenden Verkehrsträger sowie die Reisezeit und den Fahrpreis. Deshalb müssen die heutigen Modelle die weiteren Faktoren, die einen Einfluss auf das Verkehrsaufkommen und dessen Verteilung zwischen den Verkehrsträgern haben, berücksichtigen.

Auf Basis der Lillschen – Reisezeitgesetzes hat Breimeier ein Modell für die Berechnung des Bahnaufkommens entwickelt, das die Reisezeit und eine wirtschaftliche Kenngröße in Form eines Dienstleistungsfaktors des Bruttoinlandsproduktes (BIP) berücksichtigt:

$$RE = 7951 \cdot \frac{(E_1.E_2)^{0,954}}{LE} \cdot \left(\frac{d_1}{d_d} \cdot \frac{d_2}{d_d}\right)^{0,954} \cdot \left(\frac{VR}{100}\right)^{0,875} \text{ wobei:}$$

RE: Anzahl der Eisenbahnreisenden einer Relation je Tag, Summe beider Richtungen

E: Einwohnerzahl einer Stadt oder Verkehrszelle (in 100.000)

LE: Eisenbahn-Entfernung (km)

d: Dienstleistungsanteil des Bruttoinlandsproduktes (BIP) je Einwohner und Jahr

---

[112] G. Aberle, Transportwirtschaft, 5. Auflage, S. 27

[113] T. Hauswald: Technisch-wirtschaftliche Bewertung von Bahnprojekten des Hochgeschwindigkeitsverkehrs, S. 105

d_i: d-Wert in einer Stadt i

d_d: Durchschnittswert von d im Bundesgebiet

VR: Durchschnittliche Reisegeschwindigkeit der Züge einschließlich aller Zwischenhalte (km/h)[114].

Dieses Modell berücksichtigt jedoch keine gesellschaftlichen Zusammenhänge und vor allem nicht die Konkurrenzsituation durch andere Verkehrsträger

Verkehrsaufkommen ist immer da und steigert sich Jahr für Jahr mit Berücksichtigung des Bevölkerungswachstums. Wichtig ist, welches Verkehrsmittel von der Politik gefördert wird, Individual- oder öffentlicher Verkehr.

5.4.3 Verkehrliche Aspekte

Der Schienenverkehr ist eines der alten Transportmittel mit dem großen Vorteil für die Beförderung von Personen und Gütern und Transport großer Mengen von Waren und Passagiere pünktlich, komfortabel und sicher auf langen Strecken innerhalb des Landes oder zwischen den Ländern, insbesondere zwischen Häfen, Flughäfen und Ballungszentren.

Wenn die Verkehrsmittel nach Beförderungskapazität (Plätze / Fahrzeug) verglichen werden, zeigt die Bahn einen wesentlichen Vorteil: Pkw: 4; Doppeldeckerbus: 100; Tram (Kassel): 230; U-Bahn (Berlin): 700; S-Bahn (Berlin): 1.200; ICE: 400-700, IC: ~ 1000. Die Gründe von Autofahrerinnen-, und Fahrern und Bus-Fahrgästen, die nicht mit der Bahn fahren oder der Bahn nicht trauen sind, dass der Schienenverkehr langsamer, teurer, zeitlich länger dauert und nicht flexibel ist. Würde die Bahn die Pünktlichkeit, die Schnelligkeit und die Sicherheit erfüllen, würden noch viele Fahrgäste, trotz eines höheren Preises, in die Bahn umsteigen[115]. Dafür sind attraktive Bahn-Angebote notwendig. In Deutschland werden täglich 28 Mio. Fahrgäste mit dem ÖPNV befördert. Wenn nur die Hälfte der Fahrgäste in Bussen und Bahnen einen Pkw nutzen würde,

---

[114] T. Hauswald: Technisch-wirtschaftliche Bewertung von Bahnprojekten des Hochgeschwindigkeitsverkehrs, S. 107, von R. Breimeier: Die Planung von Neubau- und Ausbaustrecken im deutschen Eisenbahnnetz [6]

[115] J. Siegmann, Grundlagen des Schienenverkehrs, SS 2009

würden die örtlichen und überörtlichen Straßennetze überlastet werden. Die Kunden des ÖPNV ersetzen durch ihr Verhalten über 18 Mio. Autofahrten am Tag[116]. So gehören der ÖPNV und Schienengüterverkehr im Umwelt- und Klimaschutz zu den Problemlösern.

5.4.4 Sicherheitsaspekte

1.2 Millionen Menschen werden jährlich in der Welt bei Straßenunfällen getötet. 15 % der Krankenhausbetten sind von den Straßenunfällen besetzt[117].

Die Zahlen des Statistischen Bundesamtes in Deutschland zeigen jährlich auf, dass der Schienentransport mit geringer Anzahl der Verkehrsunfälle sehr sicher ist. Anhand der Zahl der tödlich Verletzten ist der Schienenpersonenverkehr 42 Mal sicherer als die Nutzung des Pkw. Dieser Unterschied besteht auch ähnlich im Schienengüterverkehr, im Jahr 2006 fanden 321 Gefahrgutunfälle auf der Straße und lediglich 5 auf der Schiene statt[118].

Zwischen 1964 und 1992 ereignete sich in Japan im Bahnverkehr kein einziger Unfall mit tödlichem Ausgang; umgerechnet auf die gefahrenen Kilometer starben im gleichen Zeitraum etwa 2.000 Menschen auf der Straße[119].

---

[116] C. Langowsky, Bahn und Umwelt-Nachhaltigkeit im Verkehr, S. 20

[117] Transport Magazin, Syrien 2007, S. 33

[118] C. Langowsky, Bahn und Umwelt-Nachhaltigkeit im Verkehr, S. 22

[119] Ch. Mehne: Entwicklungszusammenarbeit für eine angepasste Verkehrsentwicklung in Ostafrika; eine Doktorarbeit an der Universität Trier 2002, S. 141

5.5 Geografische Aspekte

Alle Marktteilnehmer bestreben die Distanzen zeitlich kürzer, schneller und kostengünstiger durch verkehrliche Erschließung zu überwinden, deshalb spielt die geographische Lage des Landes eine entscheidende Rolle für die Raumplanung, Kommunikationsmöglichkeiten, die Auswahl der Verkehrslösungen -und Linien. Die geografischen Aspekte sind nach topografischer Lage und geografischer Position des Landes bzw. den Entfernungen innerhalb des Landes und von den Nachbarländern anzusehen.

5.5.1 Topografische Lage

Als allgemeiner Grundsatz gilt: *je enger die Kurvenradien gewählt werden, desto niedriger ist die mögliche Fahrgeschwindigkeit; je größer die Kurvenradien, desto schwieriger gestaltet sich die Einbettung der Strecke in topografisch schwieriges Gebiet*[120]. Die topografischen Daten beschreiben die geografischen Stammdaten wie Betriebspunkte und Abschnitte, über die Züge verkehren. Damit werden alle planungsrelevanten Informationen wie beispielsweise die Streckenlänge, Längsneigungen und Radien und zur Folge die Kosten bestimmt. Soll eine bestimmte Trassierung aus geografischen Gründen eingesetzt werden, müssen die anderen Fahrelemente angepasst werden, d.h. entweder bestimmen die gewünschten Kurvenradien, die zulässigen Quer- und Längsneigungen, und dadurch die Fahrkomfortgrenzwerte die zulässige Geschwindigkeit oder umgekehrt. Eine von Gebirgen geprägte Topografie im Land führt zu einer Trassierung der Schienenstrecken über viele Kunstbauten, besonders Brücken und Tunneln, was die Kosten der Infrastruktur um ein vielfaches erhöht. In schwieriger topografischer Situation macht die Schiene nur Sinn, wenn das Verkehraufkommen besonders hoch und der Staat wirtschaftlich stark ist[121].

---

[120] Eisenbahningenieur (56) 1/2005 S. 49

[121] Als Beispiel der längste Eisenbahntunnel (Gotthard-Tunnel) mit 700 m unter dem Alpenkamm, 57 km lang für ca. 9 Mrd. € in der Schweiz.

In Deutschland lassen sich die Schienenneubaustrecken ohne Brücken und Tunnel für etwa 12,5 Mio. € je Doppelkilometer bauen. Für Mittelgebirgsstrecken ist mit einem bis zu doppelt so hohen Kostensatz zu rechnen[122]

5.5.2 Geografische Position

Die Verfügbarkeit der Bahn in einem Land führt zu einer wirtschaftlichen Entwicklung in diesem Land und für die ganze Welt im Allgemeinen, da die Bahn eine wichtige Arterie und strategischer Akteur in der Entwicklung des Landes und der Verbindung mit anderen Ländern als Personen- und Güterverkehrsmittel ist.

Durch gute Verkehrsverbindungen wachsen die Städte sowie die Länder wirtschaftlich und sozial schneller zusammen und umgekehrt bleiben die Städte mit schlechter Verbindung weiter zurück.

Es handelt sich hier um nationale und internationale Verbindungen. Deshalb spielt die geografische Lage des Landes eine große Rolle für Schienenverbindungen besonders für die Länder, die am Wasser liegen, da sie das Wasser-Verkehrsaufkommen aufnehmen sollen.

Syrien als Beispiel spielte früher aufgrund seiner geografisch günstigen Lage, und kann immer noch spielen, eine gute verkehrliche Rolle zwischen dem Westen und dem Osten. Die politischen und geografischen Verhältnisse sind sehr eng verknüpft.

5.6 Politische Aspekte

Je stärker der Einfluss der fortschrittlichen Kräfte in den Regierungen bzw. der Druck auf diese Regierungen ist, desto schneller und stärker können sich die vorher behandelten Prozesse durchsetzen[123]. Die politische Lage im Land und die politischen Beziehun-

---

[122] T. Hauswald: Technisch-wirtschaftliche Bewertung von Bahnprojekten des Hochgeschwindigkeitsverkehrs, S. 94

[123] J.L. Schmidt, die Entwicklungsländer, 1974, S. 90

Einsatz und Bedeutung der Schiene in der Verkehrsplanung

gen zwischen den Ländern haben eine große Wirkung auf Durchführung strategischer Projekte.

Wegen der politischen Beziehungen zwischen dem osmanischen Reich und dem kaiserlichen Deutschland damals, bekam Deutschland den Bauauftrag der Bagdadbahn (siehe auch 7.6.1). Wegen der politischen Prägung hatten die Franzosen den größten Einfluss auf die syrische Eisenbahn in den vierziger und fünfziger Jahren. Zwischen 1970 und 1990 wurde das syrische Netz nach den russischen Richtlinien mit Unterstützung der ehemaligen Sowjetunion geplant und ausgebaut, die Fahrzeuge wurden aus Russland, Polen, Rumänien und der ehemalige DDR importiert[124], die DDR lieferte ca. 400 Reisezugwagen und einen großen Teil der Güterwagen[125]. Nach dem Zusammenbruch der Sowjetunion fehlten der syrischen Eisenbahngesellschaft die Lieferanten. Zurzeit haben die iranischen Firmen die größte Chance auf dem syrischen Markt. Es sind auch verschiedene Ingenieurbüros aus China, Korea, Russland, Japan und Europa in Syrien, je nach den politischen Beziehungen aktiv.

Ohne friedliche Entwicklung und politische Stabilität im nahen Osten ist es schwierig über eine komplette und integrierte verkehrliche Verbindung für die ganze Region zu reden, wegen dem Konflikt zwischen Israel und den arabischen Ländern, besonders Syrien[126]. Durch konstruktiven Dialog und Kooperation statt Konfrontation sollen Frieden, Sicherheit und Stabilität in der Region gefördert werden.

Im Jahr 1979 entstand die Idee für Errichtung der Strecke Bagdad-Alkaem-Abukamal-Dairazzour zwischen dem Irak und Syrien (Siehe Abb. 37). Aber wegen der danach schlechten politischen Beziehungen zwischen den beiden Ländern wurde das Projekt nicht realisiert[127]. Jetzt wird dieses Projekt fortgesetzt.

Das ist nicht nur in Syrien oder anderen EL, sondern auch in Schwellenländern und sogar in Europa wichtig. Wegen vor allem der politischen Beziehungen zwischen China

---

[124] J. Zarour: Schienenverkehr in Syrien in Eisenbahningenieur (56) 6/2005 s. 67

[125] Eisenbahn-Kurier 1/2007, S.72

[126] Im Krieg zwischen Syrien und Israel in 1967 verlor Syrien die Golanhöhen. Ohne vollständige Rückgabe dieses von Israel besetzten Gebietes sieht Syrien keine Chance von einem Friedensschluss mit Israel.

[127] K. Karraz, Schienenverkehr in Syrien zwischen dem Gegenwart und der Hoffnung, S. 18

und dem Iran und der schlechten politischen Lage zwischen dem Iran und der USA und Europa haben die Chinesen den Auftrag für eine Bahnstrecke zwischen China und Teheran in 2010 bekommen[128].

Die Innenpolitik hat auch eine große Wirkung auf die Eisenbahnprojekte. Die schnelle Entwicklung und der Sprung der Streckenlänge in China besonders durch neue Hochgeschwindigkeitsstrecken ist ein wichtiges Beispiel für die Wirkung der Politik innerhalb des Landes und zeigt, dass auch die Demokratie Nachteile hat. Die Deutschen konnten ihre Kenntnisse und Technologien für das Transrapid-System in China umsetzen, aber in Deutschland nicht. Es ging nicht um die wirtschaftliche Lage, sondern um das politische System Deutschlands.

Die andere Seite der Innenpolitik und des Verwaltungssystems ist die Zentralisierung der Verwaltungsbehörden, die Flughäfen, die Krankenhäuser und die Universitäten in den Hauptstädten, was inhomogene Mobilität im Land ergibt.

5.7 Zunehmendes Interesse an Eisenbahnen

Viele Entwicklungs- und Schwellenländer haben die Probleme erkannt und Milliarden Euros im Bereich Eisenbahn investiert, z.B. Russland, Türkei und die osteuropäischen Länder[129]. In diesem Abschnitt wird das große Interesse in der Region des nahen Ostens und Nordafrika (die arabischsprachigen Länder) beleuchtet, da die Regierungen in diesen Ländern ein großes Interesse und bessere Schätzung der Wichtigkeit vom Bauen eines nachhaltigen Schienennetzes einzeln und für die ganze Region haben[130]. Das Gebiet, das oft auch arabische Welt genannt, erstreckt sich südlich des Mittelmeeres von Mauretanien bis Ägypten und östlich des Mittelmeeres von Jemen über die Länder der arabischen Halbinsel bis nach Syrien und den Irak (Abb. 17). Die Länder dieser Region haben eine räumliche Nähe und eine weltpolitische Bedeutung für Europa und möchten

---

[128] http://www.bbc.co.uk/arabic/business/2010/09/100912_china_iran_rail_tc2.shtml, Zugriff 14.09.2010

[129] http://www.railwayinsider.eu, Zugriff 24.01.2011

[130] E.M. Choueiri: Railways in North Afrika, in Rail Engineering International 4/2010, S. 13

ihre Wirtschaften und Interessen in einer guten Verkehrsverbindung besonders Schienenverkehr im internationalen Sinn integrieren[131]:

In den **Vereinten Arabischen Emiraten (VAE)** wird eine U-Bahnstrecke mit 30 Stationen für die Verbindung des Flughafens Dubai mit dem Hafen- und Industriegebiet Jebel Ali im Süden des Emirats gebaut. Diese Bahn, deren Strecke etwa zu 30 % unter der Erdoberfläche verlaufen wird, soll jeweils 10 000 Personen pro Stunde in beiden Richtungen befördern[132].

In **Saudi-Arabien** entsteht ein großes Interesse, die Eisenbahnstrecken auszubauen und neue Strecken zu bauen, trotz des guten Flugnetzes. Die große Fläche des Landes und die großen Entfernung zwischen den wirtschaftlichen und demografischen Zentren erfordern eine schnelle und sichere Verkehrsverbindung für Personen und Güter.

Für einen umweltfreundlichen, attraktiven Nahverkehr hat **Katar** sich entschlossen, ein Metronetz in der Hauptstadt Doha zu bauen. Dieses Netz besteht aus 4 Linien mit 98 Stationen bei einer Gesamtlänge von rund 300 Kilometern für gute Anbindung an alle wichtigen Punkte wie Airport Doha, Stadtentwicklungsgebiet Lusail, Education City und West Bay, Geschäfts- und Konferenzzentrum sowie ein Fernverkehrsnetz für Anbindung an die Nachbarstaaten Bahrain und Saudi Arabien für Personen und Güter. Dieses Netz besteht aus 180 km Hochgeschwindigkeitsstrecke (350 km/h) nach Bahrain, 100 km Personenverkehrsstrecke (200 km/h) nach Saudi Arabien, 325 km Güterverkehrsnetz davon 270 km gemeinsame Nutzung mit Personenverkehr sowie ein Anschluss an das geplante GCC-Netz (Gulf Cooperation Council)[133].

Die sechs **Golfstaaten** (Saudi-Arabien, VAE, Katar, Oman, Bahrain, Kuwait) planen zusammen ein Schienennetz zur Verbesserung der wirtschaftlichen Beziehungen und zur Verringerung der Straßenverstopfung und Umweltverschmutzung zu bauen. Dieses Netz kann ein Kernnetz für den gesamten Nahen Osten und Nordafrika werden.

---

[131] M. Sabouni: Arab Railways, Past & Present, in Japan Railway & Transport Review, 1997 S. 22

[132] Wirtschaftshandbuch in VAE, 2007 und verschiedene Quellen

[133] http://www.db-international.de/site/db__international/de/unternehmen/katar/katar.html, Zugriff 01.08.2010

Im **Libanon** als wirtschaftliches und touristisches Zentrum in der Region, besteht das Interesse, eine Schienenverbindung zwischen Beirut-Hafen und den Golfstaaten, insbesondere Dubai zu bauen. Für die Libanon-Bahn **von Damaskus nach Beirut** ist ein Ausbau geplant.

In **Syrien** besteht auch ein großes Interesse, das Eisenbahnnetz zu modernisieren und zu erweitern: Eine direkte Verbindung von Damaskus über Palmyra nach Deir ez Zor sowie von dort eine neue Strecke in den Irak; neue Schienenbahnenverbindung zwischen Syrien und Jordanien; Ausbau der Al Hedschasbahn als Tourismusstrecke und parallel dazu eine Schnellfahrtstrecke **von Damaskus über Amman nach Saudi Arabien** sind in Planung.

Ein Eisenbahnnetz zwischen **Mauretanien, Marokko, Algerien, Tunesien, Libyen, Ägypten und dem Sudan** ist auch in Planung[134]. Obwohl Libyen seit 1965 keine Eisenbahn hat, wird ein riesiges Projekt in Libyen von 2300 km gebaut, um die benachbarten Länder sowie die beiden Kontinente, Afrika und Europa, zu verbinden[135]. Dieses Projekt wurde jedoch im Februar 2011 wegen der politischen Unruhe vorläufig gestoppt[136].

---

[134] E.M. Choueiri: Railways in North Afrika, in Rail Engineering International Edition 2010 Nr. 4, S.13

[135] E.M. Choueiri: Railways in North Afrika, in Rail Engineering International Edition 2010 Nr. 4, S. 14

[136] Vgl. http://www.eurailpress.de/article/view/4/vossloh-lieferunterbrechung-nach-libyen.html, Zugriff 02.03.2011

Einsatz und Bedeutung der Schiene in der Verkehrsplanung

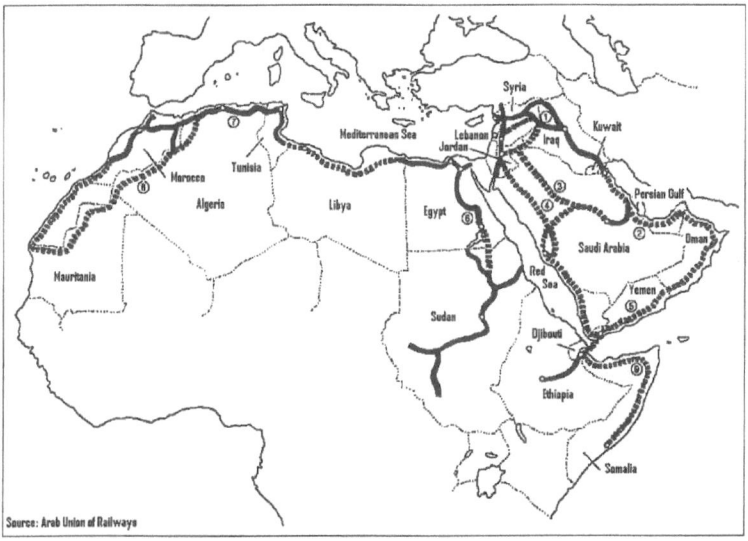

Abbildung 17: existierende (durchgehend) und geplante (gepunktet) Eisenbahnlinien in der Region Naher Osten und Nordafrika (MENA)

Quelle: Arab Union of Railways (AUR)

5.8 Bedarf nach Schienenpersonennahverkehr

Der Schienenpersonennahverkehr (SPNV) spielt immer noch keine Rolle in den meisten EL. Die Nachfrage nach ÖPNV in den Kernstädten ist jedoch sehr hoch.

In Großstädten der EL stoßen die vorhandenen öffentlichen Verkehrsmittel, zumeist der Busverkehr hinsichtlich der Beförderungskapazitäten, Geschwindigkeiten, Frequenzen und Entfernungen (Erreichbarkeit) an seine Systemgrenzen. Massenverkehrsmittel wie U-Bahn, Stadtbahn und exklusive Busfahrbahnen sollen das vorhandene ÖPNV-Angebot ergänzen.

Bei durchschnittlicher Zentrum-Stadtrand-Entfernung von 10-15 km sowie den maximalen Reichweiten des NMV (Fuß- und Fahrradverkehr) von 3-6 km (bei 30 min. Geh-/Fahrzeit) ist der ÖPNV für die Mobilität von entscheidender Bedeutung. Andererseits hat der Flächenbedarf eines Verkehrsmittels eine entscheidende Bedeutung, da der Verkehrsraum in der Stadt begrenzt ist. **Im Bereich starker Verkehrsströme und knapper vorhandener Verkehrsflächen sind die Schienenbahnen das optimale Verkehrssystem**[137].

In der Faustregel ist die Bahn für Hauptverkehrsachsen (Stadtrand-Zentrum, im Zentrum) in Groß- und Megastädten (über 2 Mio. Einwohner) geeignet [138]. Mit Berücksichtigung der Erreichbarkeit, der Systemkapazität und einer sauberen Lösung für die Umwelt werden die Schienenbahnen als Nahverkehrsmittel (U-Bahn oder S-Bahn) eine sinnvolle Rolle spielen. Die Leistungsfähigkeit beträgt 30.000 – 40.000 P/h/Richtung, manchmal bis 80.000, die kommerzielle Geschwindigkeit ist 30-50 km/h, Erreichbarkeit in 30 Min.15-25 km (siehe 5.4.2.3).

Die U-Bahn kann völlig getrennt vom übrigen Verkehr sein, da sie überwiegend in Hoch- oder Tieflage geführt wird und sie kann als Linien-System den gesamten Raum einer Region bestreichen.

Für geringere Investitions- und Betriebskosten kann an ein weniger leistungsfähiges System gedacht werden, also die Straßenbahn. Die Straßenbahn hat die Leistungsfähigkeit zwischen dem Bus und der U-Bahn. Eine zweigleisige Straßenbahnlinie kann auf eine Leistungsfähigkeit von 20.000 Personen pro Stunde und Richtung mit geringerem Platzbedarf, möglichst auf separater Trasse ausgelegt werden[139].

---

[137] J. Siegmann: Grundlagen der Verkehrsplanung, Modul P30 s. 6

[138] R.M. Kaltheier: städtischer Personenverkehr und Armut in Entwicklungsländern, 08/2001, S.29

[139] M. Hecht: Straßenbahn als Zero-Emissions-Verkehrssystem, in TU international 58, 06/2006, S. 44

5.8.1 Kategorisierung von Bahnsystemen (innerorts)

Nach den deutschen Kriterien können die Bahnsysteme in den folgenden Kategorien eingesetzt werden[140]:

		Kategorie 1 Straßenbahnähnlich	Kategorie 2	Kategorie 3	Kategorie 4 U-bahnähnlich
Klassifikation der Stadtgröße und des Verkehrsbedarfs	Stadtgröße	Kleine Stadt	Mittlere Stadt	Großstadt / Ballungsraum	Metropole / Ballungsraum
	Einwohnerzahl im Einzugsgebiet (Mio.)	0,2 – 0,5	0,5 – 1,0	1,0 – 2,0	2,0 – 5,0
	Bevölkerungsdichte im Verkehrskorridor [Einw. / km²]	2 000	3 000	5 000	8 000
	ÖPNV-Nachfrage in einem 15 km langen Korridor [Fahrgäste / Wochentag]	30 000	60 000	100 000	> 160 000
	Zusätzliche Nachfrage aus Zubringerverkehr [Fahrgäste / Wochentag]	5 000	15 000	25 000	>40 000
	Mindestverkehrsaufkommen pro Wochentag [Pkm / Streck.km]	2 000	5 000	10 000	> 15 000

Tabelle 9: Kategorisierung von Bahnsystemen in Deutschland
Quelle: J. Siegmann, Planung spurgeführter Verkehrssysteme, Modul P30, S. 9

---

[140] J. Siegmann, Planung spurgeführter Verkehrssysteme, Modul P30, S.9

5.8.2 Aufteilung der Verkehrsaufgaben in Stadtregionen

Die Aufgaben der Straßen- und Stadtbahnen sind hinsichtlich ihres Einsatzes zwischen den Stadtschnellbahnen und den Bussen einzuordnen. Gemäß den deutschen Kriterien sind Anhaltswerte für den Einsatz unterschiedlicher Verkehrsmittel nach Daten zur Siedlungsdichte, Arbeitsplätzen und Wohndichte in dieser Tabelle dargestellt[141]:

		Gewerbegebiet $\gamma > 0,5$	Mischgebiet $\gamma = 0,22-0,5$	Wohngebiet $\gamma = 0-0,22$
Omnibus (Zubringer)	a	35 - 40	40 – 50	50 – 60
	b	20 - 30	30 – 40	40 – 60
U-Bahn / Stadtbahn (Radiallinie)	a	160 – 180	180 – 200	200 – 250
	b	80 – 120	120 – 170	170 – 250
S-Bahn (Radiallinie)	a	300 – 335	335 und mehr	
	b	200 - 220	220 und mehr	

Tabelle 10: Anhaltswerte für den Einsatz unterschiedlicher Verkehrsmitte

Quelle: J. Siegmann, spurgeführte Verkehrssysteme, Modul P30, S. 19; Eigenbearbeitung

a: Siedlungsdichte (Einwohner + Arbeitsplätze / ha),

b: Wohndichte (Einw. / ha),

γ: Zahl der Arbeitsplätze zur Zahl der Einwohner.

---

[141] J. Siegmann, spurgeführte Verkehrssysteme, Modul P30, S. 19

6. Schienenverkehr und die Wirtschaft in EL

Parallel zum Bedarf der Verkehrsleistung müssen die wirtschaftlichen Mittel und Kosten kalkuliert werden. Im Verkehrsbereich wirkt sich jedoch eine Vielzahl von gesellschafts-, wirtschafts-, sozial- und verkehrspolitischen Einflussfaktoren unmittelbar auf die Struktur und den Erfolg der Geschäftstätigkeit von Verkehrsunternehmen aus. Die speziellen Probleme der EL sind häufig mehr politischer und soziokultureller, als ökonomischer Natur[142]. Die meisten Länder Afrikas haben die globale Wirtschafts- und Finanzkrise besser überstanden als viele andere Länder auf der Welt. Nach einem krisenbedingten Wachstumseinbruch im Jahr 2009 dürfte die Wirtschaft Afrikas im Jahr 2010 wieder um real 4,5 Prozent wachsen[143].

6.1 Kostenstrukturmerkmale der Eisenbahn

Im Allgemeinen sehen sich die Verkehrsunternehmen zwei grundlegenden Kostenkategorien gegenüber[144]:

- den aus der Vorhaltung und dem Betrieb der Verkehrsinfrastruktur resultierenden Kosten sowie
- den Kosten der Vorhaltung und des Betriebs der Verkehrsmittel.

Das Verhältnis von Fahrweg- und Fahrzeugkosten ist bei den Verkehrsträgern sehr unterschiedlich. Hieraus resultiert eine langfristig wirkende, aber in den Systemeigenschaften der Verkehrsträger begründete Wettbewerbsproblematik. Für die Eisenbahn stellen die Verkehrswegkosten wegen der längerfristigen Eigenwirtschaftlichkeit des Bahnsystems eine schwierige Problematik dar.

Der dominierende Teil der Eisenbahnkosten sind die Infrastrukturkosten. Der Anteil der Fahrwegkosten an den Gesamtkosten der Bahn bei der DB AG nach der Umsetzung der Bahnstrukturreform lag bei rd. 40 %. Von herausragender Bedeutung ist für die Eisenbahnen aus betriebwirtschaftlicher Sicht die Entwicklung

---

[142] H. Wagner, Wachstum und Entwicklung, 1993, S. 8

[143] http://www.oecd.org/document/22, Zugriff 15.10.2010

[144] G. Aberle, Transportwirtschaft, 5. Auflage, S. 273, 275

Schienenverkehr und die Wirtschaft in EL

- des Personalaufwandes
- des Materialaufwandes sowie
- der Zinsaufwendungen[145].

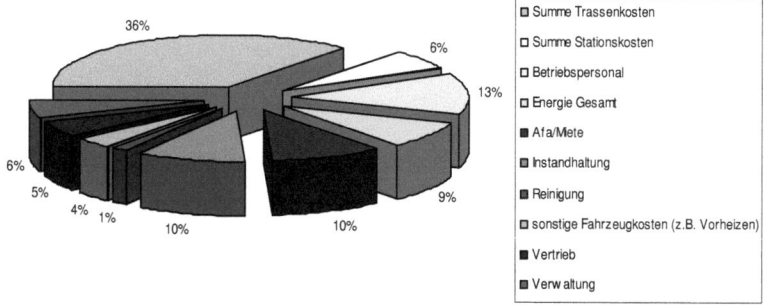

Abbildung 18: Beispiel Kostenaufteilung der Schiene in Deutschland

Quelle: J. Siegmann: Prozessoptimierung und Ressourcenschonung im Bahnbetrieb, ein Vortrag von der Alumni-Sommerschule, TU Berlin 2010

6.2 Die gesamten externen Kosten des Verkehrs

Mobilität ist ein Kriterium für Entwicklung eines Landes und ein Merkmal seiner Gegenwart. Der Verkehr hat aber dramatische Schattenseiten: Luftverschmutzung, Klimaveränderung, Flächenverbrauch und Lärm, was Mensch und Natur schädigt. Diese Schäden lassen sich auch in Geld ausdrücken. Verkehrsbedingte Gesundheits- und Umweltkosten schlagen sich derzeit nicht vollständig in den Preisen nieder, die die Nutzer für die Verkehrsleistung bezahlen. Große Teile dieser Verkehrs-Folgekosten werden nicht von den Verursachern getragen, sondern auf die Allgemeinheit und kommende Generationen abgewälzt, vor allem über Steuern und Krankenkassenbeiträge. Noch dazu kommen die ungedeckten Verkehrsunfallkosten.

---

[145] G. Aberle, Transportwirtschaft, 5. Auflage, S. 273, 275

Die Folgekosten des Verkehrs oder die externen Kosten des Verkehrs sind enorm[146]. Wenn die Gesamtexternkosten des jeweiligen Verkehrsträgers, beispielsweise der verursachte CO_2-Ausstoß, Flächenverbrauch, Lärm- und andere Emissionen sowie die entstehenden Kosten für die Gesellschaft durch Arbeitsausfälle aufgrund von Stau, Verletzten oder Verkehrstoten mit der Kosten-Nutzen-Rechnung berücksichtigt werden, hat die Schiene eine gute Position. Die Schiene ist ein kleiner Kostenverursacher gegenüber dem Straßenverkehr und der Schienenpersonenverkehr wird hinsichtlich der verursachten externen Kosten am günstigsten bewertet, gefolgt von Bus- und Flugverkehr. Der Individualverkehr verursacht etwa die 4,5 fachen externen Kosten wie der Schienenverkehr[147]

Wie eine Studie des Schweizer Forschungsinstituts INFRAS in 2007 ermittelt hat, fallen 96 % aller externen Kosten mit 77 Milliarden Euro pro Jahr im Straßenverkehr in Deutschland an, worunter der Pkw mit 66 % der Gesamtkosten der größte Kostenverursacher war. Im Schienenverkehr fallen dagegen nur ca. 3,1 % der Gesamtkosten an. Innerhalb der Gesamtkosten sind die Unfallkosten der wichtigste Kostenblock, auf ihn entfallen 52 % der Gesamtkosten. (siehe Tabelle 11)

Die INFRAS-Studie hat auch die externen Durchschnittskosten der einzelnen Verkehrssysteme ermittelt (ohne Staukosten). So ist es möglich zu vergleichen, wie sich bei gleicher Verkehrsleistung die externen Kosten der verschiedenen Verkehrsmittel unterscheiden. Pro tausend Personenkilometer verursacht das Auto demnach externe Kosten in Höhe von 61,6 Euro, das Flugzeug 51,8 Euro, der Zug dagegen nur 21,2 Euro. Die Eisenbahn ist im Personenverkehr für die Gesellschaft also dreimal günstiger als das Auto. Im Güterverkehr verursachen die Bahnen sogar nur ein Viertel der externen Kosten des Lkw-Verkehrs. Pro tausend Tonnenkilometer entstehen auf der Straße 38,9 Euro gesellschaftliche Kosten, während beim Gütertransport auf der Schiene nur 9,5 Euro anfallen[148] (Abbildungen: 19, 20, 21)

---

[146] http://www.allianz-pro-schiene.de/umwelt/externe-kosten, Zugriff 21.12.2010

[147] vgl. T. Hauswald: Technisch-wirtschaftliche Bewertung von Bahnprojekten des Hochgeschwindigkeitsverkehrs, S.72

[148] http://www.allianz-pro-schiene.de/umwelt/externe-kosten, Zugriff 21.12.2010

Schienenverkehr und die Wirtschaft in EL

Kosten nach Verkehrsträger in Mio. €/Jahr	Total	%	Straße		Schiene		Luftverkehr (innerdeutsch)	
			PV	GV	PV	GV	PV	GV
Unfälle	41.766	52	38.756	2.927	69	5	7	1
Lärm	9.693	12	4.726	4.014	513	315	121	4
Luftverschmutzung	7.694	9,6	3.740	3.324	196	182	16	1
Klimakosten	11.229	14	7.688	3.050	59	41	245	8
Natur & Landschaft	3.173	3,9	2.207	835	29	8	57	2
vor- und nachgelagerte Prozesse	5.445	6,8	3.222	1.352	503	289	45	1
Zusatzkosten in städtischen Räumen	1.389	1,7	854	250	222	64	0	0
Total	80.390	100	76.946		2.496		0.652	
Anteil am Total	100%		95,71		3,1		0,8	

Tabelle 11: Gesamtexternkosten nach Kostenkategorie und Verkehrsträger in Deutschland

Quelle: Allianz pro Schiene / INFRAS 2007, Eigenbearbeitung

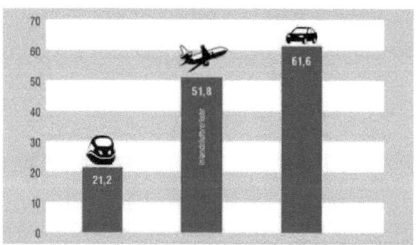

Abbildung 19: Externe Kosten des Personenverkehrs in Deutschland in 2005 in Euro pro 1.000 Pkm (ohne Staukosten)

Quelle: INFRAS

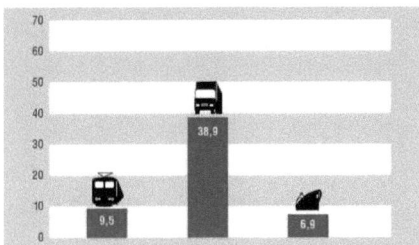

Abbildung 20: Externe Kosten des Güterverkehrs in Deutschland in 2005 in Euro pro 1.000 tkm (ohne Staukosten)

Quelle: INFRAS

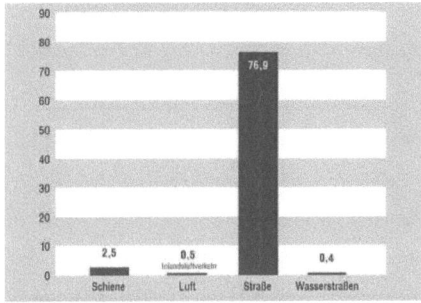

Abbildung 21: Abbildung 22: Gesamte Externe Kosten des Verkehrs in Deutschland 2005 in Mrd. €

Quelle: INFRAS 2007

6.3 Investitionen in die Schiene

Die großen Industrieländer Europas investieren hohe Summen in ihre Eisenbahnnetze im Jahr. In der ersten Reihe war die Schweiz mit einer Pro-Kopf-Investition von 284 Euro pro Bürger im Jahr 2008, gefolgt von Österreich mit 205 Euro pro Kopf. Beide Länder investieren traditionell deutlich mehr Geld in die Schiene als in die Straße, aber auch andere Europäer ertüchtigen zurzeit mit Hochdruck ihr Schienennetz mit 123 Euro pro Kopf im Schnitt[149].

In einem Bahnprojekt sind die Anfangsinvestitionen aufgrund der hohen Kosten der Infrastruktur, insbesondere die der Sonderbauwerke (Tunnel, Talbrücke) die größten Kostenfaktoren[150]. Der Vergleich der Kosten zwischen verschiedenen Verkehrsmitteln muss jedoch aufgrund Platzkilometer abhängig von deren Auslastung und Lebenszykluskosten-Analysen (LCC) basieren.

Bei Durchführung einer LCC-Analyse werden die Kosten des Produktes über die Lebensdauer einschließlich der Instandhaltungskosten abgeschätzt und kontrolliert. Eisenbahnprojekte haben hinsichtlich ihres Lebenszyklus Besonderheiten im Vergleich zu den anderen Investitionsgütern[151]: Diese Investitionen bestehen aus den Teilsystemen Infrastruktur und Fahrzeuge. Theoretisch ist es unter Einhaltung der technischen Spezifikationen möglich, diese getrennt zu entwickeln, zu kaufen, instand zu halten und zu erneuern. Tatsächlich werden sie bei der Berechnung von Lebenszykluskosten regelmäßig nur isoliert betrachtet. Ziel muss jedoch sein, vom Beginn des Lebenszyklus darauf zu achten, Infrastruktur und Fahrzeuge als System zu erkennen und ganzheitlich zu optimieren.

Bei Bahnprojekten besteht die Möglichkeit, dass die Infrastruktur von verschiedenen Betreibern genutzt werden kann. Der Zugang zur Infrastruktur ist jedoch gesetzlich re-

---

[149] http://www.allianz-pro-schiene.de/infrastruktur/europavergleich-schieneninvestitionen, Zugriff 21.12.2010

[150] Kosten der Eisenbahn im Schnitt in Deutschland sind in Infrastruktur: 10 Mio. €/km (bis 30 Mio.) für NBS, 4 Mio. €/km für ABS und in Substruktur (Fahrzeuge): Regionaltriebwagen ~ 2-6 Mio. €, E-Lok ~ 4,5 Mio. €, ICE ~ 10 – 20 Mio. € (J. Siegmann, Grundlagen des Schienenverkehrs SS 2009)

[151] J. Schütte: Lebenszykluskosten für öffentliche Verkehrssysteme

guliert. Bei der Nutzung der Infrastruktur durch mehrere Betreiber werden die Instandhaltungskosten auf die verschiedenen Nutzer aufgeteilt. Dabei soll darauf geachtet werden, den Verschleiß durch eine Zugüberfahrt in den Nutzungsentgelten zu berücksichtigen. Die hohen Infrastrukturkosten in den Bahnprojekten sind unvermeidlich. Die variablen Kosten im Eisenbahnverkehr sind abhängig von den Leistungskilometern.

6.4 Beitrag der Schiene für die Wirtschaft

Die Verkehrswertigkeit eines Verkehrsmittels ergibt sich nicht nur von den entstehenden Kosten, sondern auch aus den Ebenen Schnelligkeit, Massenleistungsfähigkeit, Netzbildungsfähigkeit, Sicherheit und Umweltfreundlichkeit. Die gesamtwirtschaftliche und gesamtgesellschaftliche Bedeutung des Verkehrs bedingt, dass Investitionsvorhaben im Verkehr nicht nur nach technischen Kriterien und unter betriebswirtschaftlichen Gesichtspunkten des einzelnen Verkehrsunternehmens beurteilt werden können. Vielmehr sind auch die Vor- und Nachteile für Fahrgäste und ggf. Schäden für Allgemeinheit sowie Beeinträchtigungen der Umwelt zu berücksichtigen[152]. Trotz der messbaren Fix- und Betriebskosten des Schienenverkehrs, ist jedoch die Rolle des Schienenverkehrs bei Verringerung der Verkehrsprobleme und Verbesserung der wirtschaftlichen und gesellschaftlichen Lage des Landes durch neue Investitionen, soziale Erträge und gesellschaftliche Nutzen wie Standortverteilung der Industrie, Verminderung der Nachteile der regionalen Randlage und die Unterstützung der Berufs- und Ausbildungspendler von größerer Bedeutung.

Trotz der Finanzkrise und der hohen Baukosten hat die Schweiz 12,2 Milliarden Franken (9,1 Mrd. Euro) in den Gotthard-Eisenbahntunnel investiert, um praktisch auf ebener Erde die Nordsee und das Mittelmeer auf der Schiene zu verbinden[153]. Nach der Inbetriebnahme des Tunnels, die in 2017 vorgesehen ist, soll die Reisedauer zwischen Zürich und Mailand um rund eine Stunde reduziert werden, am Ende statt heute 1,3 Mio. Lkw nur noch maximal 650.000 pro Jahr die Schweizer Alpen durchqueren, um die Güter, die heute über die Autobahn hin- und hergefahren werden , auf die Schiene

---

[152] J. Siegmann: Bewertung von Verkehrssystemen, Modul P50 S. 7

[153] www.dvz.de, Zugriff 18.10.2010

zu verlagern. Das ist aus Schweizer Sicht ein riesiger Beitrag zum Umweltschutz und nachhaltiger Verkehrspolitik und in Folge für die Volkswirtschaft des Landes[154].

6.5 Zahlungsbereitschaft

In den meisten Städten der entwickelten Länder Europas wird der ÖPNV im großen Maße bezuschusst. Im Durchschnitt werden dort nur 50-70 % der Betriebskosten durch die Fahrgelderlöse gedeckt; in Deutschland lag der Kostendeckungsgrad im Jahre 1993 bei 40 %[155]. Die Investitionskosten für die ÖPNV-Infrastruktur werden in der Regel zu 100 % aus öffentlichen Mitteln finanziert. Deshalb und angesichts der enormen Defizite der öffentlichen Haushalte in den Entwicklungsländern ist es schwierig, dass sich bezahlbare niedrige Tarife im ÖPNV und Kostendeckung (mindestens Betriebskosten) treffen können. Das ist aber abhängig von den technischen Standards und Komfortkriterien (unter anderem auch die Umweltnormen) und vom Auslastungsgrad der Verkehrsmittel unter Berücksichtigung der Rahmenbedingungen im Vergleich zu Europa. Es ist entscheidend, ob die Infrastruktur- und Fahrzeugkosten vom Staat ganz oder teilweise finanziert werden oder ob der Betreiber sie tragen soll. Um den Bahnverkehr und speziell den Personenfernverkehr bezahlbar zu machen, müssen grundsätzlich erheblich mehr Fahrgäste gewonnen werden[156]. Dies ist abhängig von der Steigerung der Attraktivität und der Konkurrenzfähigkeit der Eisenbahn durch kürzere, sichere und komfortablere Reisen.

---

[154] www.spiegel.de/wirtschaft, Zugriff 15.10.2010

[155] R.M. Kaltheier: städtischer Personenverkehr und Armut in Entwicklungsländern, 08/2001, S. 32

[156] P. Mnich: Vorlesung von Betriebssysteme elektrischer Bahnen, Nov. 2006

6.5.1 Verkehr und Einkommen

Der wirtschaftliche Entwicklungsstand von Volkswirtschaften wird in der Regel durch das Pro-Kopf-Einkommen der Bevölkerung ausgedrückt[157]. Das Pro-Kopf-Einkommen ist ein wichtiger Indikator zur Wohlstandsmessung eines Landes, da es die durchschnittliche Wohlstandsentwicklung des Landes aufzeigt. Dieser Durchschnittswert enthält jedoch keine Aussagen darüber, wie das Einkommen innerhalb eines Landes verteilt ist. Besonders in den EL geht es den Menschen meistens viel schlechter als das Pro-Kopf-Einkommen vermuten lässt, weil wenige Personen mit sehr hohem Einkommen den Schnitt anheben. Damit die EL sich nachhaltig entwickeln können, müssen ihre Wirtschaftstärken verbessert werden. Zuerst ist ein breitenwirksames Wirtschaftswachstum eine der wichtigsten Voraussetzungen für die Reduzierung der Armut und Verbesserung der sozialen Lebensbedingungen. Wirtschaftswachstum schafft Beschäftigungsmöglichkeiten, die den armen Bevölkerungsgruppen helfen, ihre Existenz aus eigener Kraft zu sichern.

Bekämpfung der Korruption, Installation wirtschaftlicher Kontrollinstrumente und Förderung, aber auch Regulierung des Privatsektors sind wichtige Maßnahmen für die Verbesserung der wirtschaftlichen Situation und der Ermöglichung der alternativen Finanzierung der Infrastrukturprojekte[158].

Die Zahlungsbereitschaft des Kunden für den Verkehr ist abhängig vom verfügbaren Einkommen. Für die sozial schwachen Bevölkerungsgruppen (die Mehrheit in EL) hat ein günstiger Fahrpreis eine hohe Priorität. Der effektive Fahrpreis spielt daher eine große Rolle für die Verkehrsmittelwahl. Niedrige und erschwingliche Tarife im ÖPNV können aber ohne staatliche Förderung die Kosten nicht decken. Es ist auch zu beachten, dass die externen Kosten der Umweltbelastungen, Unfälle etc. langfristig zu einer negativen gesamtwirtschaftlichen Rentabilität führen können.

Moderne Metro- und Schienennahverkehrsysteme müssen bezahlbar sein, um ihr Ziel, den Massenverkehr zu bündeln und eine attraktive Mobilität zu ermöglichen.

---

[157] G. Aberle, Transportwirtschaft, 5. Auflage, S. 1

[158] http://www.bmz.de/de/was_wir_machen/laender_regionen/subsahara/index.html, Zugriff 03.09.2010

Schienenverkehr und die Wirtschaft in EL

Andererseits verringert eine unmögliche oder geringe Mobilität, da diese zu teuer ist, die Chancen auf Einkommenserzielung sowie den Zugang zu Ausbildung und Gesundheitsversorgung. So haben die Mobilität und der Wohlstand eine große Wechselbeziehung. Wohlstandsentwicklung führt zu höhere Mobilität und die Verbesserung der urbanen Mobilität ist ein Schritt zur Armutsbekämpfung und Wohlstandsentwicklung.

Die Statistiken weisen eine Durchschnittwerte von 10-15 % vom Einkommen für den Verkehr aus; damit liegen die Verkehrsausgaben nach Wohnen und Nahrung an zweiter bzw. dritter Stelle des gesamten Haushaltsbudgets. Die prozentualen Werte in EL unterscheiden sich kaum von denen in entwickelten Ländern (Deutschland 14 %, Frankreich 15 %)[159]. Allerdings variiert die Zusammensetzung der Verkehrsausgabe. In den entwickelten Ländern wird ein Großteil dieser Ausgabe für die Unterhaltungs- und Betriebskosten eines eigenen Pkw verwendet; in den Städten der Entwicklungsländer entfallen diese Ausgaben vorwiegend auf die Nutzung des ÖPNV. Der muss weiter gefördert werden.

Die Einkommensunterschiede in EL sind sehr groß. Während die reichen Golfstaaten voraussichtlich die meisten Entwicklungsziele der Vereinten Nationen erreichen werden, stieg die Armut in Ländern wie als Beispiel Jemen, Somalia und in den Palästinensischen Gebieten. Schätzungen zufolge lebten 2005 bis zu 65 Millionen Araberinnen und Araber unterhalb der nationalen Armutsgrenze[160]. Armutsbekämpfung und Steigerung des Pro-Kopf-Einkommensniveaus ist eine Voraussetzung für die Stärkung des unternehmerischen Sektors.

Hier wird Syrien mit einem mittleren Pro-Kopf-Einkommen in den EL als Beispiel betrachtet. Nach Bericht des Zentralstatistikbüros in Syrien 2010 waren die Ausgabenprioritäten nach Bedürfnisse: **45.6 % für Lebensmittel, 17,5 % für das Wohnen und der Rest von 36.9 % für Verkehr, Kleidung und anders**[161]. Davon kann für Verkehrausgabe mit 15 % des Pro-Kopf-Einkommens gerechnet werden (s.o). Wenn mit 26 Bewegungstag im Monat und drei Fahrten pro Tag gerechnet wird, ergibt sich eine Verkehrszahlungsbereitschaft pro Fahrt (VZB) von:

---

[159] R.M. Kaltheier: städtischer Personenverkehr und Armut in Entwicklungsländern, 08/2001, S. 33

[160] A. Malik: public transport in Meddle East and Nord Africa (MENA-Countries), 2007

[161] Zentralstatistikbüro in Syrien, Bericht 2010

Schienenverkehr und die Wirtschaft in EL

$$VZB = \frac{BIP/Einw.x0{,}15}{12x26x3}$$

Nach dem syrischen Verhältnis kann die VZB ≈ 0.4 $ ≈ 20 SP. pro Fahrt sein (siehe 3.4). Das ist im Durchschnitt machbar. Diese soll sich mit dem prognostizierten Wirtschaftswachstum noch erhöhen. Wenn es in Damaskus z.b. mit mindestens 520 000 Fahrgäste pro Tag, 72 % davon mit den vorhandenen öffentlichen Verkehrsmitteln gerechnet wird[162], ergibt sich eine **Kunden-Zahlungsbereitschaft für den ÖPNV im Jahr von: 520.000 x 0.72 x 26 x 12 x 0.4 = 46.725.120 $ / a**

Für die Kunden, die den Fahrpreis nicht tragen können z.b. Schuler, Studenten, Senioren etc, soll ein Ermäßigungssystem durchgeführt werden. Die Differenz kann von anderen Quellen z.B. **Benzinsteuer, Kfz-Steuer, Fahrzeugzulassungskosten, Luxussteuer auf teure und/oder hubraumstarke Pkw und Straßennutzungsgebühren** mit Durchführung einer effizienten Verwaltung und einem effektiven Management in einem institutionellen Rahmen gedeckt werden.

Im Schienenfernverkehr kann das durch Effizienzsteigerungen aufgrund von mehr Wettbewerb im Bahnsektor, Mehr-Klassen-System im Zug, normale und Nonstop-Züge mit **Konzentration auf rentable Strecken** realisiert werden.

6.5.2 Subvention vom Staat

Der Schienenpersonenverkehr wird weltweit gefördert, da das Fahrgastaufkommen auf der Schiene nicht ausreicht, die Betriebskosten zu decken. Die Qualität und die Quantität dieser Förderungen variieren jedoch sehr stark. Für Europa wird angenommen, dass 90 % aller erbrachten Passagierkilometer staatliche Zuschüsse irgendeiner Form erfahren. In der Regel werden staatliche Subventionen verwendet, um Investitionen zu ermöglichen, aber auch, um den laufenden Betrieb zu unterhalten. Die Gemeinschaft Europäischer Bahnen (CER) gibt an, dass die Betriebskosten sämtlicher Bahnen der EU-15 mit ca. 30 % ihrer Höhe bezuschusst werden. Fast 50 Mrd. € jährlich von europäischen Steueraufkommen fließen in Netz und Betrieb der Eisenbahnen. Die größten Anteile

---

[162] Laut Studie von Japan International Cooperation Agency (JICA) in Syrien 2003, Quelle: General Company for Engineering & Consulting: Gründe für Metro Damas, S. 7

davon sind Bestellerentgelte (27 %), die Tilgung von Darlehen für neue Infrastruktur bzw. direkte Baukostenzuschüsse (23 %), Zuschüsse für die Infrastrukturinstandhaltung (20 %), sowie Zahlungen des Staates für langjährig bestehende Beamtenverhältnisse. Bezuschussung des Betriebs hilft dem Betreiber und motiviert ihn, bessere Qualität anzubieten und in Folge neue Fahrgäste zu gewinnen. In Deutschland sind von 1994 bis 2003 rund 38 Mrd. € Bundesmittel für die Finanzierung der Schieneninfrastruktur zur Verfügung gestellt worden. Laut dem Verband Deutscher Verkehrsunternehmen (VDV) sind Zuschüsse für die Schieneninfrastruktur in Höhe von 5 Mrd. € jährlich notwendig. Unter Berücksichtigung aller öffentlichen Zuschüsse, die direkt in die Infrastruktur fließen, liegt die Summe bei etwa über 7 Mrd. € im Jahr (0,2 % BIP)[163].

Für Betrieb, Instandhaltung und Erhaltungsinvestitionen zahlt der Bund 2,5 Mrd. € pro Jahr an Netz als Zuschuss. Einnahmen aus Trassierungspreise bleiben beim Netz. Der DB Konzern gibt 500 Mio. € p.a. an Netz[164]

Die Eisenbahnprojekte in Syrien sind mit einem Betrag von 713 Mio. $ zwischen 2001 und 2005 subventioniert worden[165]. Die Subventionen des Staates und die angebotene Beförderungskapazität der Bahnen werden so angepasst, dass die Deckungslücke zwischen Fahrgeldeinnahmen und Betriebskosten im langjährigen Mittel etwa ausgeglichen wird:

$$\sum Einnahme \approx \sum Kosten$$

$$\sum E \approx \sum K$$

$$\sum E = Eku + Est \qquad Eku\text{: Einnahme von Kunden (Personen und Güter),}$$

$$Est\text{: Subvention vom Staat/a}$$

---

[163] vgl. T. Hauswald: Technisch-wirtschaftliche Bewertung von Bahnprojekten des Hochgeschwindigkeitsverkehrs, S. 78, 83,88

[164] J. Siegmann: Prozessoptimierung und Ressourcenschonung im Bahnbetrieb, ein Vortrag von der Alumni-Sommerschule, TU Berlin 2010

[165] die syrische Eisenbahngesellschaft CFS; Finanzierungsmöglichkeiten

$$\frac{Est}{Est + Eku} = \frac{Est}{\sum E} = Subventionsgrad$$

$\sum K$ = (Abschreibung + Zinsen + Betriebskosten)/a

6.5.3 Verwaltungs- und Finanzierungsmöglichkeiten in den Eisenbahninvestitionen

Der staatliche Sektor dominiert immer noch in den meisten EL, so werden die Eisenbahnen als staatliche Betriebe mit Verwaltungsstrukturen und völliger politischer Abhängigkeit geführt. Hinsichtlich des Umfangs der verstaatlichten Bereiche gibt es allerdings große Unterschiede zwischen den EL[166]. Die staatlichen Gesellschaften spielen aber nicht mehr die richtige Rolle und die meisten Eisenbahngesellschaften in EL befinden sich in schlechten Situationen. Die Manager in den staatlichen Gesellschaften interessieren sich für ihre persönliche Karriere und Beziehungen mehr als für das Unternehmen selbst. Sie führen die „Befehle" der Politiker durch, so fehlen die Initiativen und Perspektiven. Deshalb sind andere Verwaltungs- und Managementsysteme notwendig.

6.5.3.1 Beitrag der Privatwirtschaft

In den meisten Ländern hat sich die Marktwirtschaft durchgesetzt, der staatliche Einfluss auf die Wirtschaft nimmt weltweit ab[167]. Der private Sektor ist sehr oft der dynamischste Bereich einer Volkswirtschaft, sowohl in Industrie- als auch in Entwicklungsländern. Durch die zunehmende Globalisierung von Wirtschaftsprozessen und die Liberalisierung des Handels ist die Privatwirtschaft in den Entwicklungsländern unter einem

---

[166] H. Wagner, Wachstum und Entwicklung, S. 106

[167] http://www.bmz.de/de/was_wir_machen/themen/wirtschaft/nachhaltige_wirtschaftsentwicklung, Zugriff 03.09.2010

großen Wettbewerbsdruck. Einerseits haben private Unternehmen besonders großen Einfluss auf den Prozess der Globalisierung; sie gestalten den sozialen und kulturellen Raum, die Arbeits-, Produktions- und Konsumbedingungen entscheidend mit; ihr Engagement und ihre Kreativität wirken auch in Bereichen, in denen der Staat aus politischen, ökonomischen oder logistischen Gründen kaum Einfluss nehmen kann. Sie sind deshalb unverzichtbare Partner des Entwicklungsprozesses.

Wagner sieht, dass durch eine Forcierung der Privatisierung in EL, sich eine höhere Effizienz und eine stärkere Kapitalbildung und mithin ein höheres Wachstum sowie auch eine größere Stabilität in diesen Ländern einstellen wird. International tätige Unternehmen können entscheidend zum Aufbau leistungsfähiger Volkswirtschaften und einer funktionierenden Infrastruktur in den Entwicklungsländern beitragen. Ihre Investitionen in Entwicklungs- und Schwellenländern übersteigen die Mittel der öffentlichen Entwicklungszusammenarbeit. Durch ihren großen Einfluss auf die gesellschaftliche Entwicklung tragen sie aber auch eine große Verantwortung[168]. Wenn sich die Privatwirtschaft in Entwicklungsländern organisiert, kann sie den Abbau von bürokratischen Hemmnissen erreichen und den Kampf gegen Korruption unterstützen. Andererseits sind manche EL noch nicht reif für eine komplette Privatisierung, besonders für die Verkehrsbetriebe, die die Grenze eines Landes überschreiten. In den EL macht die Privatisierung Sinn, wenn ein Wettbewerb zwischen verschiedenen Betreibern entsteht, der zu Kostensenkungen und Tarifreduzierungen führen soll mit der Berücksichtigung der Verkehrssicherheit, Umwelt und Verkehrsdichte. Bei solchem Wettbewerb muss darauf geachtet werden:

- es muss mit Misswirtschaft, Korruption und politische Einflussnahme in EL gerechnet werden;
- der Wettbewerb bei der Konzessionsvergabe kann durch intransparente nachträgliche Zusatzvereinbarungen verwässert werden;
- Staatsmonopole sollten nicht durch Privatmonopole ersetzt werden;
- Privatisierung soll nicht zur Reduzierung oder zum Stopp von Subventionszahlungen führen;

---

[168] http://www.bmz.de/de/was_wir_machen/themen/wirtschaft/privatwirtschaft/hintergrund/index.html, Zugriff 08.09.2010

- mit der Privatisierung müssen Regeln und Kontrollsysteme in einem institutionellen Umfeld vorgefunden werden;
- Wettbewerb im Schienenverkehr kann betriebsbedingt beschränkt hergestellt werden, da die geringe Netzdichte in den EL häufig keine akzeptablen Alternativrouten erlaubt.

Deshalb wäre die gemeinsame Arbeit zwischen dem Staat und dem Privatsektor auf Grund der Trennung von Eigentum und Management (Trennung von Netz und Betrieb) durch eine neue institutionelle Ökonomie und über zusätzliche ordnungspolitische Vorkehrungen der beste Weg.

Jede Partei muss ihre Aufgaben erledigen, um einen erfolgreichen Entwicklungsprozess zu unterstützen. Der Staat ist verantwortlich für Infrastruktur, Ersatzbeschaffung, Versorgung mit lebensnotwendigen und wirtschaftsnotwendigen Leistungen im Infrastrukturbereich, Regulierung von Wettbewerb und Leistungsanbietern, Rahmenbedingungen und Schaffung stabiler und effizienter Institutionen. Der Staat soll auch seine Bürgerinnen und Bürger dazu bewegen, aktiv am Wirtschafts-, Politik- und Gesellschaftsleben teilzunehmen[169]. Der Privatsektor mit seiner ökonomischen Anreizfunktion ist der Investor und der Betreiber, so dient er als treibende Kraft für die wirtschaftliche und soziale Entwicklung.

In Deutschland sind alle erfolgreichen privatisierten Eisenbahnunternehmungen integrierte Bahnen. Die Trennung von Infrastruktur und Betriebsgesellschaften führte zu schwerfälligen Prozessen aber diese Trennung hat im Zusammenhang mit den Richtlinien, die diese Trennung organisatorisch und rechnerisch reguliert haben, intensive und kontroverse Diskussionen ausgelöst. Der notwendige und erwünschte diskriminierungsfreie Netzzugang für Dritte, also für Bahnen, welche die technischen und sicherheitsspezifischen Anforderungen erfüllen, ist prinzipiell jedoch erst durch die faktische (institutionelle) Trennung gewährleistet[170]. Eine nachhaltige Regulierung des Netzzugangs und der Trassennutzungspreise ist sinnvoll bei Erhaltung der vertikalen Integration von Netz- und Transportbetrieb in einem Eisenbahnunternehmen. Aus der Trennung von Fahrweg und Eisenbahntransportbetrieb können erhebliche Veränderungen in den Pro-

---

[169] Vgl. K. Bayer: Entwicklungspolitik im 21. Jhdt, 2003, S. 29

[170] Bahntechnik Magazin, 2/01 Seite 3

duktionsbedingungen und Marktchancen der Eisenbahn resultieren[171]. Die nichtbundeseigenen Bahnen (NE-Bahnen oder Privatbahnen), die nicht im Besitz des Bundes sind, deren Stammkapital von privaten Investoren kommt, spielen eine große Rolle in der Verkehrsleistung[172] (Abb. 23 und 24).

Das Privatkapital in EL sollte sich an Infrastrukturmaßnahmen besonders im Verkehrssektor stärker beteiligen. Mit privaten Investitionen in öffentliche Infrastrukturmaßnahmen wäre also beiden Seiten gedient: Der Staat könnte seine Haushalte schonen und gleichzeitig notwendigen Investitionen tätigen; die Bürger bekommen Dividende von ihren Geldanlagen. Diese Geldanlagen müssen natürlich gesichert und vom Staat geschützt werden. Deswegen ist die politische Stabilität im Lande sehr wichtig für solche Investitionen. Andererseits befinden sich in EL große Privatkapitals, die in manchen Fällen größer als die Staatshaushalte selbst sind. Diese können eine wichtige Rolle spielen beim Aufbau privater Eisenbahnverkehrsunternehmen (EVU) und Vermögen der Bahnindustrie.

---

[171] G. Aberle, Transportwirtschaft, 5. Auflage, S. 253, 257

[172] Angaben des Bundesministeriums für Verkehr, Bau- und Wohnungswesen

Schienenverkehr und die Wirtschaft in EL

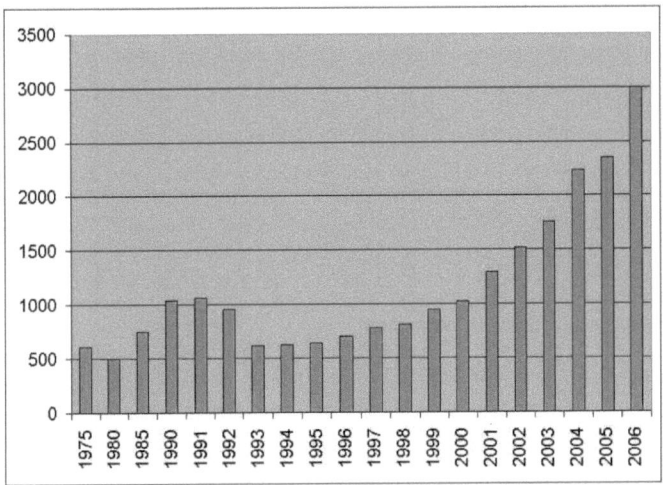

Abbildung 23: Verkehrsleistung der privaten Eisenbahnen in Deutschland in Mio. Personenkilometer

Quelle: Bundesministerium für Verkehr, Bau- und Wohnungswesen

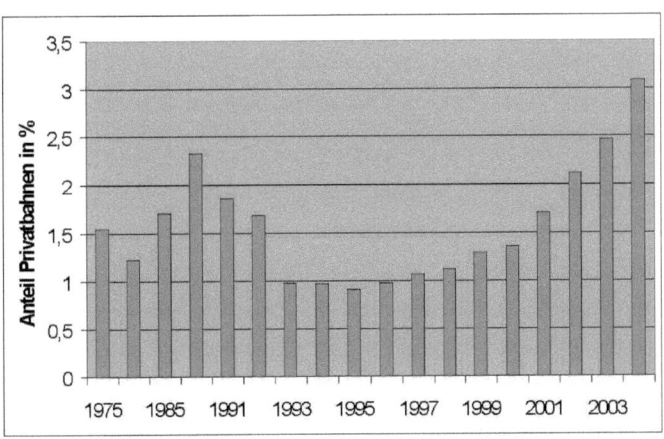

Abbildung 24: Verkehrsleistung der privaten Eisenbahnen in Deutschland in % des gesamten Eisenbahnverkehrs

Quelle: Bundesministerium für Verkehr, Bau- und Wohnungswesen

Mögliche Verwaltungs- und Finanzierungssysteme in EL für gemeinsame Arbeit zwischen dem staatlichen und privaten Sektor mit gemeinsamer Verantwortung für die Kosten und Erlöse sind Build-Operate-Transfer (B.O.T). und Public-Private-Partnership (P.P.P). In beiden Systemen bleibt der Staat der Gesetzgeber und der strategische Planer im Land und der Besitzer der Infrastruktur; der Privatsektor findet seine Chance und Beteiligung als Betreiber und Investor.

6.5.3.2 Build-Operate-Transfer System B.O.T.

Mit diesem System wird ein Privatinvestor durch einen Vertrag mit dem Staat errichtet, um auf eigene Kosten ein Projekt oder Teilprojekt und ggf. die Instandhaltung zu betreiben. Nach Ablauf der vereinbarten Vertragsfrist gibt der Investor das Projekt an den Staat oder an einen staatlichen Betreiber ab. Bedingungen vom Staat zum Erfolg dieses Systems in EL sind:

- klare gesetzliche Struktur für solche Projekte,
- transparente Atmosphäre für Personalanstellung und Verteilung der Erlöse und Risiken,
- Bewältigung der Bürokratie und Setzung eines klaren Steuersystems,
- klares Organisations- und Planungssystem mit Beteiligung der Bevölkerung,
- die Erleichterungen, die die Investoren bekommen, dürfen nicht zu den Monopolen folgen.

Derartige Projekte bleiben unter der Schirmherrschaft und Unterstützung des Staates bezüglich der Sicherheit und der politischen Stabilität sowie der besonderen Umstände. Die beiden Parteien (der Staat und der Investor) sollen die Vereinbarungen einhalten. Der Staat soll die Risiken, die nicht vom privaten Investor kontrolliert werden können, abdecken. Dieses Modell macht Sinn für die Eisenbahnprojekte, wenn die zugehörigen Immobilien mitinvestiert werden, z.B. Einkaufszentren, Hotel o.ä in den Bahnhöfen sowie Nutzungsmöglichkeit der Fahrzeuge oder Bahnanlagen für geschäftliche Bewerbungen etc.

Ein erfolgreiches Beispiel ist Ghana, da der erste Teil der Eisenbahnlinie Accra-Tema eine besondere Bedeutung für den Personenverkehr hat. Ein internationales Konsortium unter Führung von Kampac Oil Company aus Dubai unterzeichnete einen Vertrag für ein Eisenbahnprojekt in West-Ghana mit einem Umfang von 1,6 Mrd. US $[173]. Inhalt des Vertrags ist der Neubau einer Bahnlinie über 800 km zwischen Takoradi und Hamilie / Upper West Region über Kumasi (davon 170 km in Burkina Faso) sowie die Modernisierung der 400 km vorhandenen Bahntrasse. Gleichzeitig sichert sich Kampac Oil für zwei Milliarden US $ auch die Bergbaurechte in dieser Region. Im Kampac-Konsortium sind zwei Unternehmen aus Deutschland, MAN-Ferrostaal und Rail One, vertreten. Die Regierung von Ghana hat für die Modernisierung und Erweiterung der Eastern Line zwischen Accra/Tema und Paga im Norden eine Vereinbarung mit dem Unternehmen Peatrack Ltd., einer privaten Investmentfirma in Ghana, mit einer 35jährigen Konzessionsbewilligung und einem Volumen von 1,4 Mrd. US $ getroffen[174]. Das Projekt umfasst eine zweigleisige Trasse, Elektrifizierung, Normalspurbau, Bahnstationen, Depots, Umschlagterminals.

Ghana ist auch bestrebt, Strecken für die Trans-Ecowas-Verbindungen in den Mitgliedstaaten zu bauen[175]. Das Eisenbahnprojekt West-Trasse in Burkina Faso als eine Verbindung mit den Atlantik-Häfen von Tema und Takoradi in Ghana soll 750 Mio. US $ kosten. Im Juni 2006 wurde bekannt, dass die Regierung von Kanada die CIDA (Canadian International Development Agency) mit einem Fonds für eine Machbarkeitsstudie für dieses Projekt ausgestattet hat. Zielstellung des geplanten Projektes im Ecowas-Bereich ist der Bau einer zweigleisigen Eisenbahnlinie unter Einbeziehung existierender Strecken dieser Länder zu einem Netz über eine Distanz von über 2000 km. Die geschätzten Kosten liegen bei rund 2 Mrd. US $. Die Kosten für die Machbarkeitsstudie und technische Studien liegen bei 4,5 Mio. US $[176].

6.5.3.3 Public-Private-Partnership Modell, P.P.P.

Public Private Partnership (öffentlich-private Partnerschaften) bedeutet die Beteiligung eines privaten Investors an einem staatlichen Projekt in Form einer Mischfinanzierung

---

[173] Transport in Ghana von http://www.worldlingo.com, Zugriff 17.01.2011

[174] G. Eckert: Entwicklungen im westafrikanischen Eisenbahnsystem, Eisenbahningenieur, 02/2008, S. 28

[175] Unter dem Begriff Trans-Ecowas versteht sich das Ziel, in den afrikanischen Regionen ein effektives Infrastruktur-Netzwerk von Straßen, Eisenbahn und Hafenwirtschaft zu entwickeln.

[176] G. Eckert: Entwicklungen im westafrikanischen Eisenbahnsystem, Eisenbahningenieur, 02/2008, S. 29

aus privaten und öffentlichen Mitteln im Rahmen eines langfristigen Vertrags, i.d.R. 20 bis 35 Jahren, wertschöpfungsstufenübergreifend an ein privates Unternehmen übertragen werden, welches auch als Betreiber bezeichnet wird. Nach Ablauf der Vertraglaufzeit werden die vom Betreiber errichteten Infrastrukturanlagen an die öffentliche Hand übergeben[177]. Es ist eine Allianz zwischen der öffentlichen Entwicklungszusammenarbeit und der privaten Wirtschaft zu beiderseitigem Nutzen.

PPP kann ein vernünftiges Finanzierungsmodell für Großprojekte, darunter die Eisenbahnprojekte sein. Im Bahnsektor können PPP-Vorhaben in verschiedenen Bereichen z.b. Oberbau, Unterbau, Ingenieurbauwerke, Leit- und Sicherungstechnik sowie Energieversorgung umgesetzt werden. Der private Investor baut die Infrastruktur mit privatem Geld und darf dafür in der Vertragslaufzeit Nutzungsgebühren verlangen.

Der Vorteil dieses Systems ist, dass der Staatshaushalt nicht belastet wird von Kosten derartiger Projekte und die Neuverschuldung wird verringert, was das wirtschaftliche Risiko reduziert und Renditechancen steigert. PPP-Ansatz kann auch in Kombination mit Betreibermodellen angewendet (Baukostenzuschüsse aus öffentlichen Haushalten)[178].

Eine direkte Beteiligung von der Industrie (Hersteller, Konzerne, Energieversorger, Bau- und Ausrüstungsunternehmen sowie Banken) kann eine große Rolle spielen.

Im internationalen Kontext ist in den vergangenen Jahren eine zunehmende Anzahl von Infrastrukturprojekten nach dem PPP-Ansatz realisiert worden, bei dem Teilbereiche der Planung, der Bau und die Erhaltung sowie ggf. der Betrieb einer Infrastruktur. Umfangreiche Erfahrungen mit PPP-Projekten sind bislang vor allem in Großbritannien gesammelt worden, aber auch in anderen Ländern wie z.B. Portugal, Deutschland und erneut in der Schweiz[179].

---

[177] Vgl. T. Beckers; A. Brenck; J. Peter; H. Sommer; T. Zimmermann: Eignung von Public Private Partnership zur Finanzierung von Bahn 2030, S. 6,11

[178] Vgl. G. Aberle, Transportwirtschaft, 5. Auflage, S. 166

[179] Vgl. T. Beckers; A. Brenck; J. Peter; H. Sommer; T. Zimmermann: Eignung von Public Private Partnership zur Finanzierung von Bahn 2030, S. 1

Die Entwicklungsländer können von Erfahrungen dieser Länder profitieren. Durch die Zusammenarbeit mit privaten Unternehmen können nicht nur zusätzliches privates Geld und Mittel sondern auch privatwirtschaftliches Know-how für die Entwicklungsländer gewonnen werden. Außerdem sensibilisieren und mobilisieren solche Vorhaben die Wirtschaftsunternehmen für entwicklungspolitische Ziele.

Für eine erfolgreiche Anwendung des PPP-Ansatzes besonders bei Bahninfrastruktur, sollen auch institutionellen Voraussetzungen erfüllt und keinesfalls unterschätzt werden[180].

6.5.4 Bedeutung der Zusammenarbeiten zwischen den Entwickelten- und Entwicklungsländern

Im Rahmen des Dialogs zwischen Politik und Wirtschaft profitieren alle von der Zusammenarbeit: Die Entwicklungsländer, weil dort eine leistungsfähige Volkswirtschaft der Schlüssel für nachhaltige Entwicklung ist; die Unternehmen, weil sie sich langfristig neue Märkte schaffen und weil sie neue Partner gewinnen; die Menschen vor Ort, weil neue Unternehmen Beschäftigung und Einkommen schaffen und damit helfen, die Armut zu vermindern. Es ist noch sinnvoller, dass die Zusammenarbeiten und Programme auf mehreren Ebenen gleichzeitig anzusetzen, da ein Entwicklungsproblem nur durch einen Kredit selten zu lösen ist:

- auf der zentralstaatlichen Ebene erfolgt eine Sektorpolitikberatung,
- auf der fachlich-institutionellen Ebene eine Unterstützung bei Konzepten, Administration und Management,
- und auf der lokalen Durchführungsebene eine Unterstützung bei der Umsetzung der Projekte und der Wirkungsbeobachtung[181].

In den Entwicklungsländern mangelt es meist an den nötigen finanziellen und technischen Mitteln. Entwicklungspartnerschaften können zusätzliche privatwirtschaftliche Beiträge mobilisieren, um entwicklungspolitische Prozesse und Ziele und den Transfer

---

[180] Vgl. T. Beckers; A. Brenck; J. Peter; H. Sommer; T. Zimmermann: Eignung von Public Private Partnership zur Finanzierung von Bahn 2030, S.viii

[181] M. Weiter: zur Qualitätssteigerung der Zusammenarbeit mit der Arabischen Welt

Schienenverkehr und die Wirtschaft in EL

von Know-how und moderne Technologie in Entwicklungsländer zu fördern. Sie können neue Märkte für ihre Produkte und Dienstleistungen erschließen.

Die Entwicklungsländer benötigen Hilfe von Industriestaaten bei Unterstützung der Wirtschaftsreformen, auch in den Bereichen politische Teilhabe/Zivilgesellschaft, Rechtsstaatlichkeit und Achtung der Menschenrechte, um ihre Rückständigkeit oder Unterentwicklung zu überwinden. Es macht Sinn, mehr faire Entwicklungsverträge zwischen Industrie- und Entwicklungsländern abzuschließen. In diesen Verträgen sind die gemeinsamen sowie getrennten Verpflichtungen der jeweiligen Vertragspartner enthalten. Industrieländer verpflichten sich dabei u.a. zur Erhöhung der finanziellen Hilfsleistungen bzw. zur Marktöffnung für Produkte der Entwicklungsländer. Korruptionsbekämpfung oder aber auch der Einsatz gültiger Politikmaßnahmen sind hingegen Aufgaben der Entwicklungsländer[182]. Der Staat bleibt tätig, national mit Festsetzung der Rahmenbedingungen für die internen Strukturen des Landes und auch international als Ansprechpartner für Geberländer bzw. -organe. Staatliche oder private Konzessionen durch internationale Geberorganisationen -oder länder auf bestimmten Korridoren können ein nachhaltiges Angebot anbieten. Zinsgünstige oder zinslosen Darlehen von den Geberländer bzw. den Investitionsbanken für die Eisenbahnprojekte in EL werden diese Länder helfen und die Umwelt schonen. Es ist aber wichtig, dass die Hilfeleistungen korrekt umgesetzt werden bzw., dass die finanziellen Mittel auch genau für jene Zwecke verwendet werden[183].

Internationale Organisationen wie die Vereinte Nationen, die Weltbank, G-8, EU und andere Länder haben ihre Bereitschaft erklärt, die Entwicklungsländer verstärkt beim Aufbau sozialer Sicherungssysteme zu unterstützen. Seit ihrer Einrichtung im Oktober 2002 ist die Investitionsfazilität und Partnerschaft Europa-Mittelmeer (FEMIP) zum wichtigsten Akteur der wirtschaftlichen und finanziellen Partnerschaft zwischen Europa und den Mittelmeerländern geworden: in der Zeit von Oktober 2002 bis Dezember 2009 wurden Darlehen in Höhe von fast 10 Mrd EUR zur Verfügung gestellt. Im Rahmen des Barcelona-Prozesses und der europäischen Nachbarschaftspolitik fördert die FEMIP die

---

[182] Vgl. K. Bayer: Entwicklungspolitik im 21. Jhdt, 2003, S. 9

[183] Vgl. S. Fankhauser, Die Motivation der Entwicklungspolitik Eine kritische Analyse, Karl-Franzens-Universität Graz, S. 53

Modernisierung und Öffnung der Volkswirtschaften in den Mittelmeer-Partnerländern. Dabei stehen zwei Schwerpunktbereiche im Vordergrund: Unterstützung des privaten Sektors und Schaffung eines günstigen Investitionsklimas[184]. Die Deutsche Investitions- und Entwicklungsgesellschaft DEG stellt deutsche und internationale Privatunternehmen sowie Unternehmen aus den Partnerländern langfristiges Kapital für Investitionen zur Verfügung. Im Unterschied zu Geschäftsbanken hat sich die DEG bereit geklärt, langfristig zu engagieren und dabei höhere Projekt- und Länderrisiken einzugehen. Voraussetzung für eine Förderung ist, dass die Projekte, in die investiert wird, zu nachhaltigem Wirtschaftswachstum und einer dauerhaften Verbesserung der Lebensbedingungen der Menschen vor Ort beitragen und rentabel, sozial- und umweltverträglich sind[185].

In der arabischen Welt ist Deutschland ein gefragter politischer Partner und wichtiger Akteur in Handel, Wirtschaft und Entwicklung. Es kann dort ein großes Vertrauen genießen[186]. Im Bereich Schienenverkehr hat die Bundesrepublik eine große Erfahrung und einen sehr guten Ruf. Durch Abstimmung von Schwerpunktstrategien mit den jeweiligen Partnerländern sind die Grundlagen für mittel- und langfristigen Zusammenarbeiten in diesem Bereich gelegt.

Im Rahmen der Zusammenarbeiten zwischen Syrien und Deutschland kann die Bundesrepublik Syrien dabei unterstützen, sich in Richtung einer sozialen Marktwirtschaft zu entwickeln, seine Chancen bei der Annäherung an Europa zu verbessern, die Verwaltung und eine nachhaltige Stadtentwicklung zu modernisieren.

Deutschland kann auch eine Rolle als konstruktiver Partner im Nahost-Friedensprozess finden.

---

[184] http://www.eib.org/projects/regions/med/index.htm

[185] http://www.bmz.de/de/was_wir_machen/themen/wirtschaft/privatwirtschaft/entwicklungspartnerschaften/deg/index.html, Zugriff 08.09.2010

[186] http://www.bmz.de/de/publikationen/reihen/infobroschueren_flyer/flyer/FlyerSozialeSicherungssysteme.pdf, Zugriff 08.09.2010

6.5.5 Ausbrechen des wirtschaftlichen Teufelkreises

Aus nationalen Steuermitteln ist es unmöglich große Bahnprojekte zu finanzieren, dafür müssen neue Formen der Finanzierung gefunden und privates Kapital in die Finanzierung eingebunden werden. Es könnten sich hier Möglichkeiten für private wie internationale Eisenbahnunternehmen ergeben und andere Volkswirtschaften Erfahrungen gewinnen. Die Kapitalknappheit in EL bildet sich in Nurske-Teufelskreis[187], der in Abbildung 25 dargestellt wird. Die zentrale Aussage von Teufelskreis-Modellen wird oft mit dem Satz „A poor country is poor because it is poor[188]" umschrieben.

Teufelskreis Modelle zeigen u.a. Zusammenhänge zwischen niedrigem Pro-Kopf-Volkseinkommen, niedriger Investitionsquote, geringem Wachstum, mangelhafter Ausbildung, geringer Produktivität, oder aber den Zusammenhang zwischen niedrigem Pro-Kopf-Volkseinkommen und Fehl- und Mangelernährung, Krankheit und geringer Leistung. Traditionelle, religiöse Lebensmuster, heterogene Wirtschafts- und Gesellschaftsstrukturen, Ungleichheiten in Einkommens- und Vermögenssituation innerhalb der Bevölkerung sowie korrupte Staatsverhältnisse werden zu den Unterentwicklungskräften gezählt[189].

---

[187] Vgl. H. Wagner, Wachstum und Entwicklung, 1993, S. 45

[188] G. Braun 1985, Nord-Süd-Konflikt und Entwicklungspolitik, S. 88

[189] G. Braun 1985, Nord-Süd-Konflikt und Entwicklungspolitik, S. 86

Schienenverkehr und die Wirtschaft in EL

Kapitalangebot   **Kapitalnachfrage**

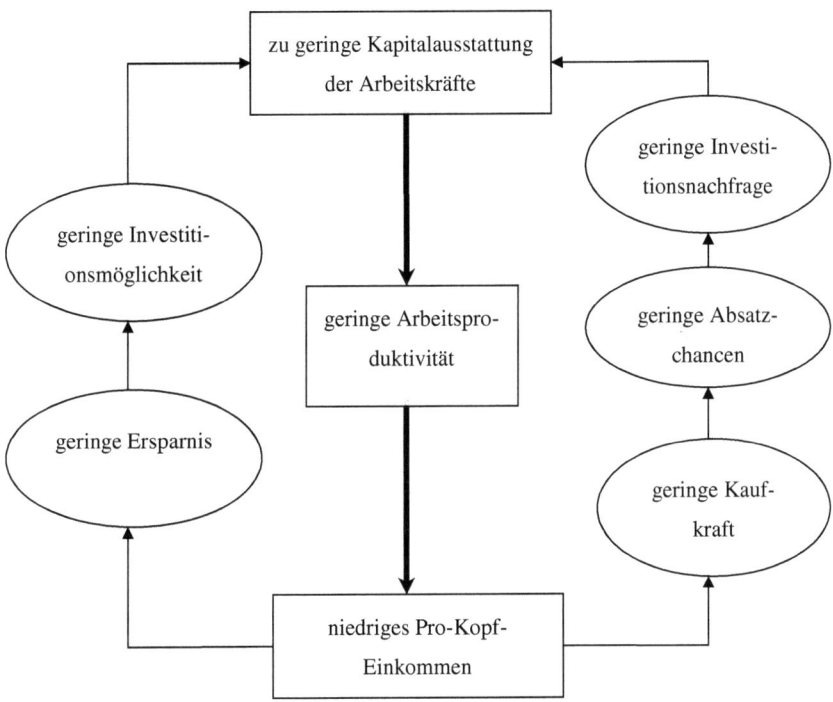

Abbildung 25: Kapitalknappheit in El nach Nurske-Teufelkreis
Quelle: H. Wagner, Wachstum und Entwicklung, 1993, S. 45

Das Ausbrechen einer der in der Abbildung gezeigten „geringe" lässt diesen Kreis in Richtung „bessere" laufen. Der denkbare Lösungsansatz ist die Ermöglichung und Förderung neuer Investitionen durch in- oder ausländischen Akteure in einer Weise, dass die Entwicklungshilfe an der richtige Stelle ankommt. (Abb. 26)

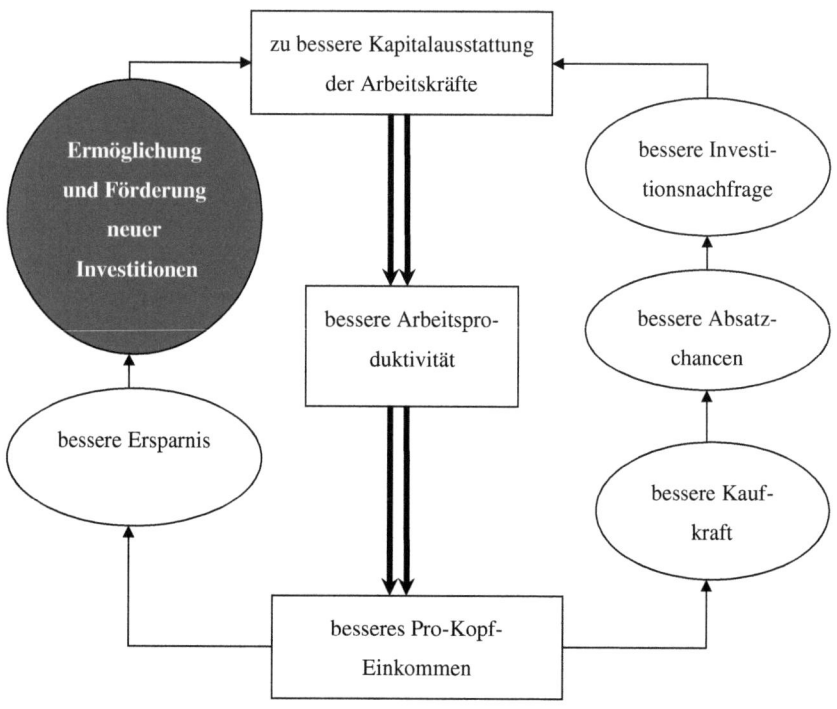

Abbildung 26: möglicher Ausbruch aus dem Teufelkreis
Eigene Darstellung

7. Syrien als Beispiel für die Chance der Eisenbahn in EL

Da Syrien einerseits in der Mitte bezüglich Fläche, Einwohnerzahl, Pro-Kopf-Einkommen, Wirtschaftswachstum, Geografie, politischer Stabilität und Eisenbahndichte- und Erfahrungen liegt, und andererseits die persönlichen Erkenntnisse besser sowie die Informationen verfügbarer sind, werden am Beispiel Syrien die Chancen der Eisenbahn in den Entwicklungsländern aufgezeigt.

7.1 Syrien im Überblick

Syrien erstreckt sich über eine Fläche von 185.180 km², die Einwohnerzahl betrug in 2010 22,5 Mio., die Bevölkerungsdichte liegt bei 122 Einw. / km² (siehe Tabelle 1). Die Hauptstadt ist Damaskus. Syrien grenzt im Norden an die Türkei, im Osten an den Irak, im Süden an Jordanien sowie im Westen an den Libanon (Abb. 27). Verwaltungsmäßig ist Syrien in 14 Mohafazat und 58 Mantika eingeteilt. Die größten Städte sind: Damaskus und Umgebung (4,2 Mio. Einwohner), Aleppo (4,3 Mio. Einwohner), Homs (1,6 Mio. Einwohner), Hama (1,5 Mio. Einwohner) und Latakia (1 Mio. Einwohner). Damit sind auf der Nord-Süd-Achse Damaskus-Homs-Hama-Aleppo über ca. 600 km ungefähr 11,5 Mio. Einwohner konzentriert, was theoretisch eine gute Voraussetzung für SPFV darstellt.

Syrien besteht aus Küstengebieten, Wüste, unfruchtbaren Bergen sowie landwirtschaftlichen Nutzflächen und Grasland. Die Hafenstädte sind Tartous und Latakia. Zwei internationale Flughäfen befinden sich in Damaskus und Aleppo und drei nationale in Latakia, Deir-ez-zor und in Al-Kamischli. Die syrische Wüste befindet sich in der östlichen Hälfte von Syrien, also Tadmur, Die-ez-zor und Araqqah.

Aufgrund seiner geografisch günstigen Lage kann Syrien als Transitland eine wichtige Brücke zwischen dem Westen und dem Osten sein. Das syrische Eisenbahnnetz kann zukünftig eine wichtige internationale Transportroute zwischen Asien, Afrika und Europa sein. Die West-Ost-Achse führt von Europa und Nordafrika über das Mittelmeer nach Irak und Iran; die Nord-Süd-Achse verbindet Europa durch die Türkei mit der arabischen Halbinsel.

Syrien als Beispiel für die Chance der Eisenbahn in EL

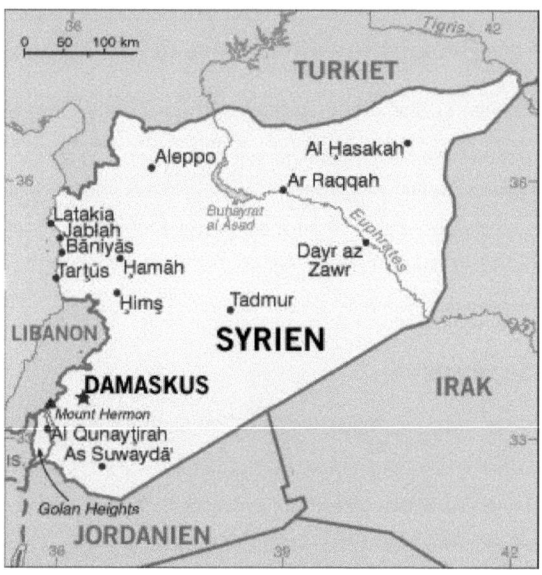

Abbildung 27: Landkarte Syriens

Quelle: http://www.asien-auf-einen-blick.de/syrien

7.2 Verkehrslage in Syrien

Der Verkehr hat in Syrien seit jeher eine große Bedeutung. Aufgrund seiner besonderen geografischen Lage zwischen den Kontinenten und Meeren hat Syrien immer eine wichtige Rolle als Handels- und Transitland gespielt. Die meisten der mittelalterlichen Handelstraßen zwischen Europa und Indien bzw. China führten über Syrien. Im osmanischen Reich war Syrien Drehscheibe des Verkehrs. Die Hauptstadt Damaskus wurde seit dem 17. Jahrhundert Ausgangspunkt des Pilgerverkehrs nach Mekka, deshalb blieb Syrien für den Transitverkehr von großer Bedeutung. Neben den nationalen Aufgaben haben seine Verkehrswege auch die Funktion des Bindeglieds zwischen Europa und den Golfstaaten zu übernehmen[190].

---

[190] Vgl. http://www.syrische-eisenbahn.de, Zugriff 01.08.2009

Syrien als Beispiel für die Chance der Eisenbahn in EL

Das Transportsystem in Syrien umfasst ein Eisenbahnnetz mit zwei Bahnsystemen, ein Straßennetz, zwei Häfen sowie zwei internationale und drei nationale Flughäfen. Hauptverkehrsträger im Personenfernverkehr sind die Straßen und teilweise die Eisenbahn. Der innersyrische Luftverkehr hat aufgrund der nicht allzu großen Entfernung zwischen den wichtigsten Zentren des Landes kaum eine Bedeutung. Die verkehrenden Verkehrsmittel in Syrien lassen sich in drei Kategorien einteilen[191]:

1. Private Verkehrsmittel,
2. Öffentliche Nahverkehrsmittel,
3. Öffentliche Fernverkehrsmittel.

Unter privaten Verkehrsmitteln in der ersten Kategorie ist hauptsächlich der Pkw zu verstehen. Sein Anteil am Gesamtverkehr ist besonders hoch im Touristenverkehr. Pickups werden auch von vielen als Pkw benutzt.

Die zweite Kategorie umfasst drei Verkehrssysteme:

- Staatliche Busse: verkehren nach Linien und Haltestellen (Theoretisch),
- Mikrobusse oder Minibusse: verkehren auf bestimmten Linien aber mit freien Halten zwischen Quelle und Ziel und nur, wenn sie voll oder fast voll belegt sind,
- Privat-Taxi: verkehren überall und halten nach Winken des Fahrgastes,
- Radio-Taxi: in einer kleinen Zahl seit 2011 nur in Damaskus und Aleppo, verwaltet durch Privatfirmen und fahren nach Bestellung.

Diese Verkehrssysteme bilden den ÖPNV in Syrien. Ihre Verkehrsmittel- und Anzahl in den großen Städten werden in Tabelle 12 dargestellt.

Unter der dritten Kategorie fallen:

- Die Syrischen Eisenbahnen CFS, CFH und
- einige private Busgesellschaften, die Reisebusse zwischen den Städten betreiben. Diese Reisebusse sind die größten Konkurrenten für die Eisenbahn im Fernverkehr in Syrien.

---

[191] Vgl. S. Daoud: Entwicklung eines Verfahrens zur Infrastruktur- und Angebotsplanung im Schienenpersonenfernverkehr in Entwicklungsländern, Hannover Universität 1992, S.11

Syrien als Beispiel für die Chance der Eisenbahn in EL

Stadt	Damaskus	Aleppo	Homs	Latakia
Einw. [1000]	4.200	4.300	1.500	1.000
Busse	440	594	200	134
Minibusse	11.250	6.200	3.900	2.900
Privattaxi	28.300	16.860	4.430	8.350
Radiotaxi	90	46	-	-

Tabelle 12: Verkehrsmittel des ÖPNV in Syrien

Quelle: public transport in Meddle East and Nord Africa (MENA-Countries), Zentralstatistikbüro in Syrien, Eigenbearbeitung

Diese Verkehrsmittel sind sowohl an einen Fahrplan, als auch an Linien gebunden. Einen direkten Einfluss hat die Verkehrspolitik auf den Verkehrsmarkt durch die Subventionspolitik. Zur Stützung der Mobilitätsbedürfnisse bzw. zur Gewährleistung der Grundbedürfnisse nach Versorgung, Ausbildung und Arbeit werden in Syrien alle Verkehrsmittel des Personenverkehrs im Nah- und Fernbereich stark subventioniert[192]. Trotzdem geht die Tendenz bezüglich der Nachfrage der Personenbeförderung im Landverkehr zu kleinen Pkw auf Grund ihrer Geschwindigkeit und Flexibilität. Der Bus hingegen hat einen starken Rückgang zu verzeichnen.

Die Arbeitnehmerzahl im Transportsektor in Syrien lag bei 255.000 im Jahr 2006, was 6,1 % der gesamten Arbeitnehmer in Syrien entspricht[193].

7.2.1 Straßenverkehr in Syrien

Das Straßennetz erweitert sich Jahr für Jahr in Syrien. Der Straßenverkehr befindet sich hinsichtlich der Infrastruktur, Signalssystemen, Sicherungsmaßnahmen und der nicht ausgebildeten Autofahrer in einer schlechten Lage, was zu stetig steigenden Verkehrsunfällen führt.

---

[192] S. Daoud: S. Daoud: Entwicklung eines Verfahrens zur Infrastruktur- und Angebotsplanung im Schienenpersonenfernverkehr in Entwicklungsländern, Hannover Universität 1992, S.12

[193] Tishreen University Journal for Studies and Scientific, No. 28, 2006, S. 176

Öffentlicher Nahverkehr (hauptsächlich Minibusse) mit freier Wahl der Haltepunkte nach Bedarf interessiert einerseits die Fahrgäste aufgrund der damit verbundenen Flexibilität, aber andererseits bringt dieses Vorgehen Störung im Verkehrsablauf mit sich und steigert die Unfallzahl. Auf bestimmten nachfragestarken Korridoren ist dieses System für die meisten Einwohner erschwinglich und für die Betreiber ohne öffentliche Zuschüsse betriebswirtschaftlich rentabel.

500.000 motorisierte Wagen, davon 11.250 Minibusse, verkehren täglich in Damaskus[194]. In Syrien werden jährlich etwa 80.000 Pkw zugelassen. Die Zahl der Automobile in Syrien betrug 244.525 in 1990 und etwa 1.4 Mio. Ende 2007[195]. 33 % davon sind in Damaskus und Damaskus-Umgebung. Die Prognosen rechnen mit einer weiteren Steigerung von 20 bis 30 % jährlich, trotz der unzureichenden Infrastruktur, der Straßenverkehrsunfälle und der steigenden Luftverschmutzung[196].

Trotz der niedrigen Pkw-Dichte in Syrien im Vergleich zu den entwickelten Ländern, 22 Fahrzeuge / 1000 Pers., in Deutschland 503 (siehe Tabelle 5), sind die Straßen verstopft. Hauptgründe dafür sind die mangelhafte Straßeninfrastruktur und das Fehlen eines attraktiven öffentlichen Verkehrssystems in den Ballungsräumen (siehe Abb. 28). Etwa 8 Mrd. syrisches Pfund (SP) pro Jahr (ca. 129 Mio. €) werden allein für die Instandhaltung der staatlichen Dienst-Pkws in Syrien ausgegeben, weil sie veraltet und die Instandhaltungskosten sehr hoch sind[197].

---

[194] http://www.syria-news.com, Zugriff 13.11.2007

[195] Angaben des Zentralstatistikbüros in Syrien, Stand 2008

[196] http://www.champress.net, Zugriff 02.01.2008

[197] Tischreen Zeitung, eine offizielle Zeitung in Syrien, 11.07.2007

Syrien als Beispiel für die Chance der Eisenbahn in EL

Verstopfte Straßen in Damaskus

Fehlende Fahrspuren und Verkehrsschilder

Freie wilde Aussteigemöglichkeiten

Minibusse kennzeichnen den ÖPNV

Starke Luftverschmutzung wegen Straßenverkehr

Abbildung 28: Straßenverkehr in Syrien

Quellen: Syrian Arab News Agency (SANA), http://www.damascusmetro.com, J.Zarour

7.2.1.1 Entwicklung des Straßennetzes

Die Straßenlänge in Syrien nimmt kontinuierlich zu. Abbildung 29 zeigt die Entwicklung der Straßenlänge -und Dichte zwischen 1975 und 2008:

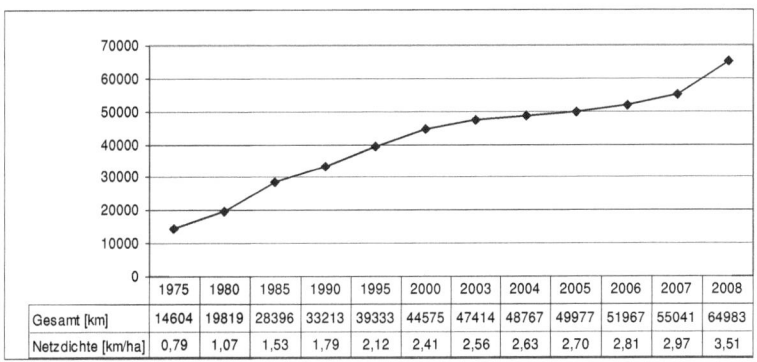

Abbildung 29: Entwicklung des Straßennetzes in Syrien

Quelle: Transportministerium, Zentralstatistikbüro in Syrien; Eigenbearbeitung

7.2.1.2 Straßenverkehrsunfälle in Syrien

Während die Zahl der Straßenverkehrsunfälle in Deutschland Jahr für Jahr abnimmt, nimmt diese Zahl in Syrien zu[198]. In den Entwicklungsländern, darunter Syrien, resultieren mehr als 75 % der Unfälle aus menschlichem Fehlverhalten. Unzureichende Kenntnisse der Verkehrsregeln sowohl bei aktiven als auch bei passiven Verkehrsteilnehmern und zu hohe Geschwindigkeiten sind dabei die Hauptursachen der Unfälle[199]. Die durchschnittliche Zahl der Opfer bei Straßenverkehrsunfällen in Syrien betrug 8 Getötete und 44 Verletzte pro Tag im Jahr 2007. Im Jahr 2008 begann die Unfallzahl zu sinken aufgrund der Anwendung einer neuen Straßenverkehrsordnung. Dieser Trend hat aber nicht lange gehalten, so ist die Zahl im Jahr 2009 wieder nach oben gestiegen, jedoch mit kleinerer Getötetenzahl (Abb.30). Eine Bei einer Verringerung der Fahrgeschwin-

---

[198] www.dw-world.de, Zugriff 03.05.2007

[199] Ch. Mehne: Entwicklungszusammenarbeit für eine angepasste Verkehrsentwicklung in Ostafrika; eine Doktorarbeit an der Universität Trier 2002, S. 168

digkeit sind das Fehlverhalten und die mangelhafte Fahrausbildung gleich geblieben. Die Führerscheinprüfung ist immer noch mit Bestechung zu schaffen.

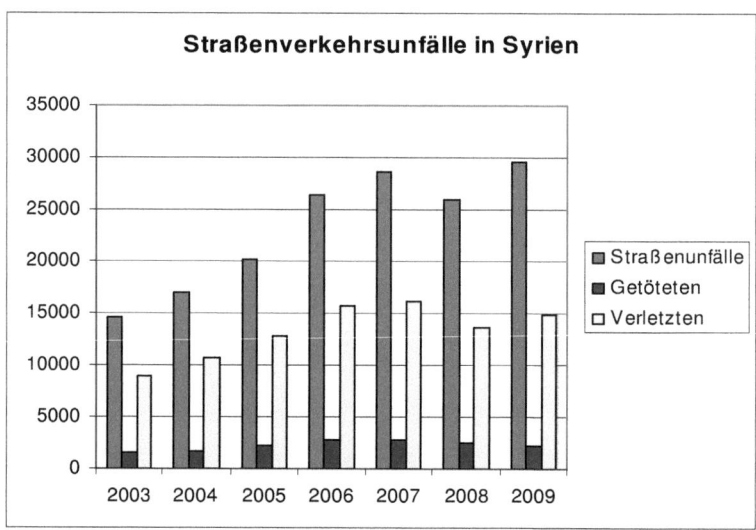

Abbildung 30: Straßenverkehrsunfälle in Syrien
Quelle: Zentralstatistikbüro in Syrien

7.2.1.3 Straßenfahrzeuge

Der Motorisierungsgrad in Syrien nimmt kontinuierlich zu (Tabelle 13). Der Pkw hat davon den größten Anteil. Im ÖPNV wurden in den letzten Jahren viele neue Busse beschafft, aber die Minibuszahl nimmt ebenfalls weiter zu und spielt immer noch die größte Rolle. Prozentual unterscheidet sich die Kfz-Zahl in den Großstädten stark: 32 % sind in Damaskus und Damaskusumgebung, 19 % in Aleppo[200] (Abb. 31).

---

[200] Angaben des Zentralstatistikbüros in Syrien

Syrien als Beispiel für die Chance der Eisenbahn in EL

	2003	2004	2005	2006	2007	2008	2009
Pkw	200.933	227.639	278.866	358.032	446.132	551.858	637.604
Bus	4.767	4.742	4.907	5.179	5.154	6.201	6.611
Minibus	42.617	43.199	44.237	45.923	45.655	48.890	50.861
Lkw	146.949	155.206	168.248	183.848	196.490	217.378	257.838
Kleintransporter	229.594	233.510	268.870	292.227	319.677	335.463	365.521
Transporter	5.197	5.164	5.259	5.731	6.547	6.682	7.062
Tanklastzug	5.636	4.922	5.226	5.432	5.616	5.672	5.895
Motorrad	104.732	122.323	145.390	165.281	186.945	205.518	242.090
Temporäre FZ	5.918	6.390	6.169	6.433	5.259	5.301	5.342
total	746.343	803.095	927.172	1.068.086	1.217.475	1.382.963	1.578.824
andere	133.833	135.239	140.357	144.948	150.292	154.243	160.009
Total	**880.176**	**938.334**	**1.067.529**	**1.213.034**	**1.367.767**	**1.537.206**	**1.738.833**

Tabelle 13: Straßenfahrzeuge in Syrien
Quelle: Zentralstatistikbüro in Syrien, Eigenbearbeitung

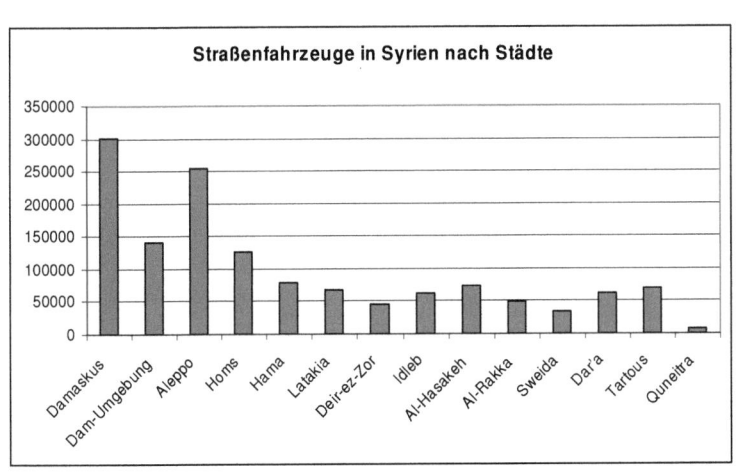

Abbildung 31: Straßenfahrzeuge nach Städte in Syrien
Quelle: Zentralstatistikbüro in Syrien, Eigenbearbeitung

7.3 Seeverkehr in Syrien

Der Seeverkehr über die beiden Häfen Tartus und Latakia ist wichtig für den Import und Export in Syrien und damit auch für das Schienenverkehrsaufkommen besonders beim Güterverkehr. Die Schienenverbindungen zwischen den beiden Häfen und den Güter-Zentren sind dabei von großer Bedeutung.

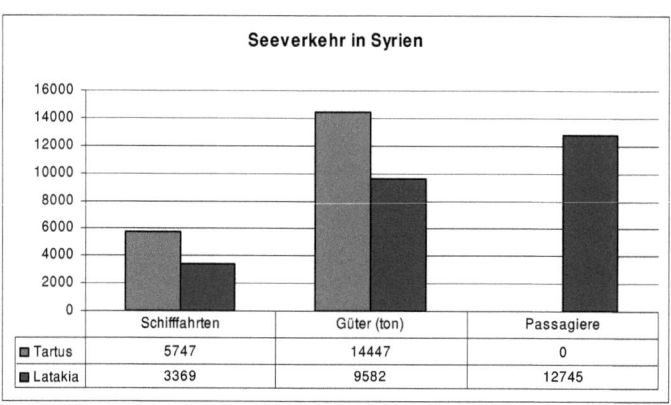

	Schifffahrten	Güter (ton)	Passagiere
Tartus	5747	14447	0
Latakia	3369	9582	12745

Abbildung 32: Seeverkehr in Syrien, Stand 2009

Quelle: Zentralstatistikbüro in Syrien, Eigenbearbeitung

7.4 Luftverkehr in Syrien

Der Luftverkehr innerhalb Syrien hat kaum eine Bedeutung wegen der relativ geringen Entfernungen zwischen den syrischen Städten. Der internationale Luftverkehr konzentriert sich in Damaskus und in Aleppo. Eine Schienenverbindung zwischen dem Stadtzentrum und Damaskus-Flughafen wäre von größter Bedeutung.

	Flugbewegung	Passagiere	Güter (ton)
Damaskus	40.533	3.697.026	30.661
Aleppo	8.927	536.985	1.038
Bassel-Al-Assad (Latakia)	2.168	83.584	0
Deir-ez-zor	567	44.711	0
Al-Kamischli	668	29.532	0

Tabelle 14: Luftverkehr in Syrien, Stand 2009

Quelle: Zentralstatistikbüro in Syrien, Eigenbearbeitung

7.5 Schienenverkehr in Syrien

7.5.1 Historischer und politischer Überblick

Die Entwicklung und die Motive für den Auf- und Ausbau des syrischen Eisenbahnnetzes waren und sind immer noch abhängig von der politischen und ökonomischen Basis. In den letzten Jahren des 19. Jahrhunderts war das osmanische Reich an einer schnellen Verbindung interessiert, zwischen Istanbul, der Hauptstadt des damaligen Reiches, und den Ländern, die unter seiner Herrschaft waren, um einerseits Soldaten transportieren zu können und andererseits Pilger komfortabler nach Mekka zu bringen. Im Herbst 1908 startete die Hedschasbahn auf über 1300 km zwischen Damaskus in Syrien und Medina in Saudi-Arabien. Sie wurde auch „Heilige Bahn" genannt, da sie größtenteils mit Spendengeldern von Pilgern finanziert wurde. Deshalb besitzt sie bis heute den Status einer „Waqf" einer heiligen Stiftung. Die ca. 1308 km lange Strecke wurde zwischen 1904 und 1908 schrittweise in wenigen Jahren in Betrieb genommen (Abb. 33). Die Züge befuhren erstmals im Jahre 1924 die Gesamtentfernung zwischen den beiden Städten in etwa 55 Stunden[201].

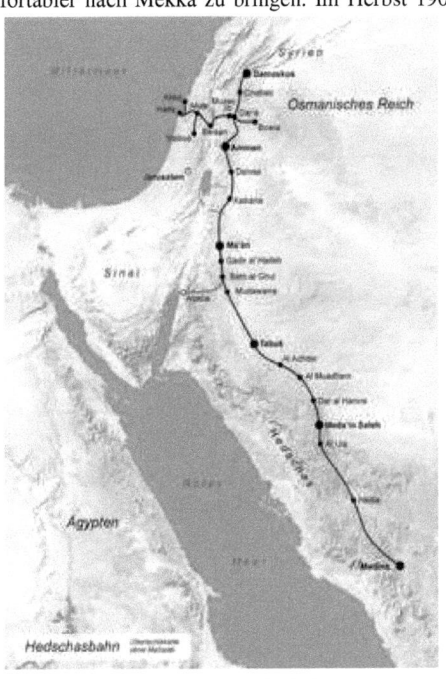

Abbildung 33: Hedschazbahn

Quelle: http://de.wikipedia.org/wiki/Hedschasbahn, Zugriff 09.09.2010

Vor und während des ersten Weltkrieges war das osmanische Reich mit dem kaiserlichen Deutschland verbunden. Dadurch bekam Deutschland den Auftrag, eine Eisen-

---

[201] Eisenbahn-Kurier 11/2007, 73/74

Syrien als Beispiel für die Chance der Eisenbahn in EL

bahnlinie von Istanbul über Aleppo in Syrien nach Bagdad und anschließend nach Al-Basrah im Irak zu bauen. Diese Linie sollte später nach Bombay in Indien weitergebaut werden, deshalb wurde sie „B.B.B." (Berlin – Bagdad – Bombay) Linie genannt und sollte als Konkurrenz zum Suez-Kanal fungieren (Abb. 34). Diese Linie erreichte Aleppo 1908 und dort wurde einer der schönsten und größten Bahnhöfe auf dieser Strecke gebaut. Dieser Bahnhof heißt bis heute Bagdad Bahnhof und wurde 1993 vollständig renoviert. Zuvor im Jahre 1906 war Aleppo mit Hama durch eine Eisenbahnstrecke verbunden, die von den Franzosen gebaut und geleitet wurde. Hauptsitz der Gesellschaft war auch in Aleppo im „Al-Sham-Bahnhof, der heute nicht mehr existiert. Somit gehörte Aleppo zu den wichtigsten Stationen des Orient-Express, der Europa mit dem Orient verbunden hat[202].

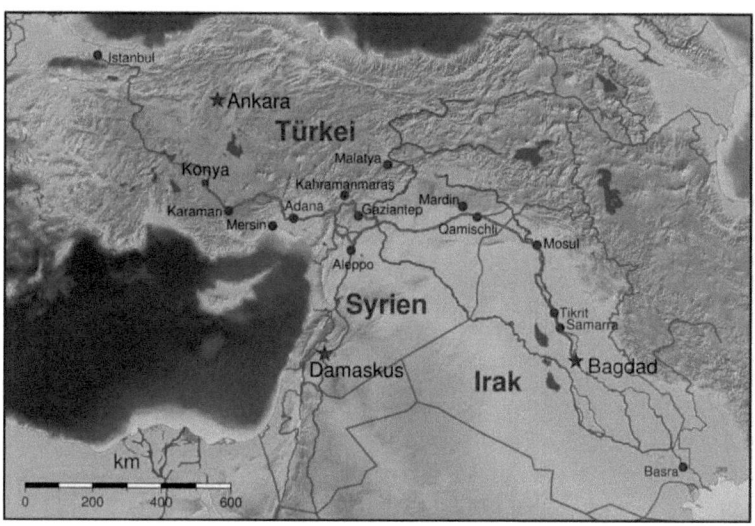

Abbildung 34: Bagdadbahn, Türkei, Syrien, Irak;

Quelle: http://de.wikipedia.org/wiki/Bagdadbahn, Zugriff 28.01.2011

Mit dem Ende des ersten Weltkrieges endete die türkische Herrschaftsperiode und Syrien wurde dem Mandat Frankreiches unterstellt.

---

[202] http://www.syrische-eisenbahn.de/SyrianRailways/CFS/CFS-G.htm, Zugriff 29.09.2010

Syrien als Beispiel für die Chance der Eisenbahn in EL

1946 endete die französische Herrschaft in der Region und das Land am Mittelmeer erlangte seine Unabhängigkeit. Die ersten Jahre der Republik waren von politischer Instabilität und Regierungskrisen geprägt.

Nach der Unabhängigkeit wurde die syrische Eisenbahn als Staatsbetrieb gegründet. In dieser Zeit begann ein vorhaltender Ausbau des syrischen Eisenbahnnetzes mit vorwiegend französischer Technologie. Im Jahre 1963 wurde die syrische Eisenbahngesellschaft CFS (Chemins de fer Syriens) gegründet; ihr Hauptsitz ist in Aleppo. Syrien verfügte im Jahre 1967 über insgesamt 667 km Eisenbahnlinien in Regelspur und 347 km in Schmalspur.

Zwischen 1970 und 1990 wurde das syrische Netz mit Unterstützung der ehemaligen Sowjetunion geplant und ausgebaut und auf 1783 km erweitert[203].

Zwischen 1990 und 1995 wurde ein relativ großer Teil gebaut (640 km). Danach verlief die Entwicklung der Streckenlänge sehr langsam (siehe Abb. 36).

Seit Juni 2009 besteht eine direkte Güterverbindung zwischen den syrischen Hafenstädten am Mittelmeer Latakia und Tartus und der irakischen Hafenstadt am Persischen Golf Umm Qasr. Ebenso verkehren wieder Güter- und Personenzüge, letzteres seit dem 16.02.2010, zwischen der Türkei, Syrien und dem Irak über einen Teilabschnitt der Bagdadbahn zwischen Al Mosul (IQ)- Al Ya´rubiyeh (SY)- Al Qamishli (SY)- Nusaybin (TR)- und dann weiter bis Gaziantep (TR) bzw. zwischen Adana (TR)- Maydan Ikbis-Aleppo-Ar Ra'y- und dann weiter bis Gaziantep (TR)[204].

Das existierende Eisenbahnnetz setzt sich aus zwei Bahnsystemen, betrieben von zwei Eisenbahngesellschaften zusammen:

---

[203] Eisenbahningenieur (56) 6/2005 s. 64

[204] http://www.syrische-eisenbahn.de/SyrianRailways/CFS/CFS-G.htm, Zugriff 29.09.2010

- **Hedschasbahn-Gesellschaft CFH (Chemins de Fer Hedschas):**

Ihr Hauptsitz ist in Damaskus und sie betreibt die Hedschasbahn auf der syrischen Seite.

Diese Bahn ist eine Schmalspurbahn (1050 mm), deren Bau während des osmanischen Reiches auf Verlassung von Sultan Abdulhamid II von deutschen Ingenieuren entworfen und realisiert wurde.

Zu diesem System gehört eine eingleisige Strecke innerhalb Syriens von 347 km Länge[205]; einen regelmäßigen Verkehr gibt es aber heute nicht.

Die Hedschasbahn sollte den Pilgern die Wallfahrt von Damaskus nach Mekka erleichtern, was heutzutage nicht mehr aktuell ist. Heute verkehren gelegentlich auf dieser Strecke Güterzüge zwischen Damaskus und Amman / Jordanien. Von der CFH werden auch noch die Reste der Libanonbahn (von Damaskus nach Beirut) betrieben.

Am Al-Qadam-Bahnhof in Damaskus befindet sich das Museum der Hedschasbahn, wo es einen großen Fuhrpark von Dampfloks, Bildmaterial, Ersatzteile, Taschenrechner aus dem Anfang des 20. Jahrhunderts, Fahrkartendrucker und Telefongeräte, die von der Hedschasbahn benutzt worden sind, gibt.

Die CFH hat Pläne, die Hedschasbahn wieder für regelmäßigen Verkehr nutzbar zu machen.

Auf dem jordanischen Teil der Hedschasbahn (Hedschas Jordan Railway _ HJR) stellt sich die Situation nicht viel anders dar[206].

---

[205] J. Zarour, Eisenbahningenieur 6/2005 S. 64

[206] Teil der Hedschasbahn in Jordanien wird von HJR (Hedjaz Jordan Railway) im Norden und ARC (Aqaba Railway Corporaitio) im Süden betrieben. Der nördlichen Teil wird als Touristik-Verkehr benutzt (internationales Verkehrswesen, 12/2008, S. 503)

Syrien als Beispiel für die Chance der Eisenbahn in EL

- **Die syrische Eisenbahngesellschaft CFS (Chemins der Fer Syrien):**

Dieses Netz verfügt momentan über eine Länge von 2.495 km mit einer Spurweite von 1435 mm, darunter 1.801 km Hauptstrecken und 318 km Zweigstrecken sowie 376 km innerhalb der Bahnhöfe[207]. Das System besteht aus eingleisigen Strecken. Es gibt Eisenbahnverbindungen zwischen den meisten syrischen Städten. Die syrische Generaleisenbahngesellschaft hat im Jahr 2003 das Hundertjahralter der Gründung der ersten Bahnlinie auf dem syrischen Gebiet gefeiert, da die erste Eisenbahnlinie in Syrien von Aleppo bis Medanikbis an der türkischen Grenze als Teil der Bagdadbahn im Jahr 1903 errichtet wurde[208]. Aleppo ist der Hauptsitz der Syrischen Eisenbahngesellschaft und es gibt Verbindungen von Aleppo aus zu den verschiedenen Städten in Syrien, sowie zu den Nachbarländern, wie dem Irak, der Türkei und dem Iran. Schienenbahnen spielen in Syrien eine Rolle als Fernverkehr, es ist aber kein Schienenpersonennahverkehr (SPNV) vorhanden.

7.5.2 Haupteigenschaften der syrischen Eisenbahn

Eigenschaften		CFH	CFS
Streckennetz (km)		347	2495
Spurweite (mm)		1050	1435
max. Achslast (t)		17	24
Entwurfsgeschwindigkeit (km/h)	Pers.	60	120
	Güter	40	100
Traktionsart		Dampf	Diesel
Schienenform		R43	R50 (25 m)
Schwellen		Holz, Stahl	Beton

Tabelle 15: Eigenschaften der syrischen Eisenbahn
Quelle: M. Afioni, Zeitschrift der Ba'ath Universität, Syrien, 8/2003, S. 43

---

[207] Quellen: Statistisches Bundesamt, Zentralstatistikbüro in Syrien

[208] http://www.cfssyria.org/CFS/, Zugriff 05.07.2007

7.5.3 Wichtige Kennziffern im syrischen Schienenverkehr

		1999	2002	2003	2004	2005	2006	2007	2008	2009
Netz [km]	S.S.W	347	347	347	347	347	347	347	347	347
	N.S.W	2.460	2.460	2.495	2.495	2.495	2.495	2.495	2.495	2.495
	Summe	2.807	2.807	2.842	2.842	2.842	2.842	2.842	2.842	2.842
Fahrzeuge	Tfz	197	276	281	273	273	273	273	240	240
	P.W	540	540	539	539	537	537	537	740	740
	G.W	k.A	k.A	4.212	4.167	4.167	4.122	4.122	3.866	k.A
Personenverkehr [1000]	P	848	1.429	1..922	2..303	2..008	2.137	2.492	3.365	3.656
	Pkm	187.138	306.921	525.357	691..916	606.560	658..82	744.110	1.120.021	1.223.432
Güterverkehr	t	5.445	5..927	6.414	7.232	8.177	8.750	9.450	9.307	8.842
	t.km	1.577.116	1.813.835	1.884.661	1.922.829	2.255.826	2.458.088	2.550.742	2.370.473	2.263.236

Tabelle 16: wichtige Kennziffern im syrischen Schienenverkehr
Quelle: K. Karraz: Schienenverkehr in Syrien zwischen Wirklichkeit und Hoffnung, Eigenbearbeitung

Tabelle 16 zeigt in den letzten zehn Jahren kleine Änderung in Streckenlänge, Zahl der Lokomotiven und Zahl der Wagen (außer in 2008, da neue Train-Sets importiert wurden), aber eine Steigerung im Personen- und Güterverkehr. Das bedeutet, die vorhandenen Strecken und Fahrzeuge können besser benutzt werden. Diese Kennziffern werden in den nächsten Abschnitten detaillierter untersucht.

7.5.4 Das Schienennetz in Syrien

Das Schienennetz wurde über mehrere Jahre gebaut (Tabelle 17, Abb. 35). Die neueren Abschnitte wurden ab 1969 bis 1990 mit russischer Hilfe erstellt[209]. Die Strecken sind für eine Entwurfgeschwindigkeit von 120 km/h für Personenzüge und 100 km/h für Güterzüge trassiert und verlaufen eingleisig.

Strecke	Länge (km)	Baujahr
Allepo_Maydanikbes	125	1903
Muselmieyah_Arrai	65	1903
Alqamaschli_Alyarubieyah	90	1906
Akkari_libanesische Grenze	5	1916
Homs_alkusair	45	1916
Allepo_Latakia	296	1975
Allepo_Alqamaschli	745	1979
Homs_Akkari	97	1983
Mahin_Ascharkieyah	154	1983
Allepo_Damaskus	613	1985
Akkari_Tartous	91	1989
Tartous_Latakia	134	1989
Dair es Zour_abukamal	35	2003
Total	2495	Bis 2010

Tabelle 17: aktuelle Schienenstrecken in Syrien

Quelle: CFS, Eigenbearbeitung

---

[209] Stand 2010, Quelle: CFC

Syrien als Beispiel für die Chance der Eisenbahn in EL

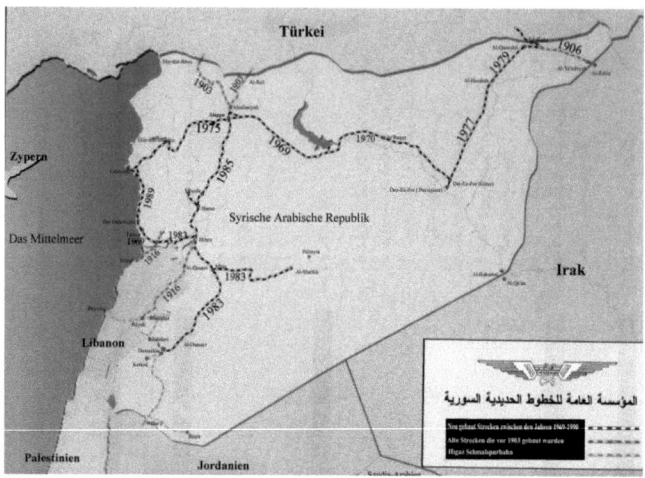

Abbildung 35: das heutige syrische Eisenbahnnetz

Quelle: CFS

Die Entwicklung der Streckenlänge ist sehr langsam. Die intensivsten Bauzeiten waren zwischen 1967 und 1980 (943 km) und zwischen 1990 und 1995 (640 km) danach wurde fast gar nicht neu gebaut (Abb. 36). Im Vergleich werden im Schnitt 600 km Eisenbahnstrecken in der Türkei und 500 km im Iran pro Jahr gebaut[210]

Eine wichtige Linie zwischen der östlichen Naturgasanlage Tabia und dem regionalen Zentrum Deir-ez-zor für den **Transport von täglich rund 750 t Flüssiggas** ist seit 1992 in Plan und sollte 2005 fertig gebaut worden sein. Aber bis Ende 2010 wurden nur 35 km von der auf 145 km geplanten Strecke mit zahlreichen Problemen gebaut (Abb. 37). Diese Strecke sollte Aleppo, Deir-ez-zor, Abu-Kamal in Syrien und Al-Kaem, Bagdad im Irak verbinden und die Distanz zwischen Aleppo und Bagdad um 250 km verkürzen. Sie kann die wichtigste Verbindungsstrecke zwischen Syrien und dem Irak und anschließend nach Kuwait und weiterhin den Golfstaaten werden[211].

---

[210] Tishreen University Journal for Studies and Scientific Research, No.28, 2006, S. 191

[211] Vgl. J. Zarour, Eisenbahningenieur (56) 1/2005 S. 71

Syrien als Beispiel für die Chance der Eisenbahn in EL

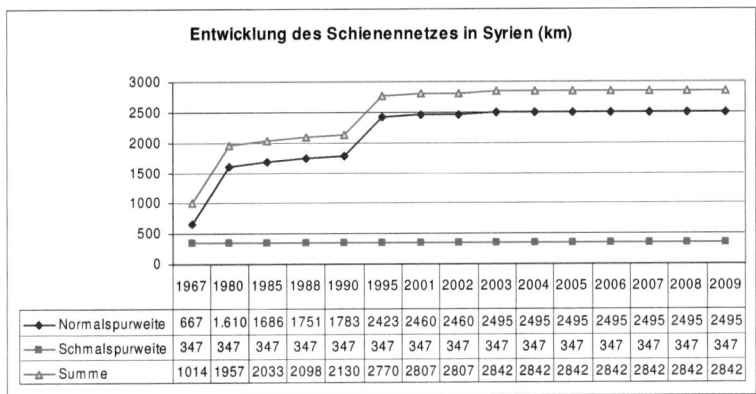

Abbildung 36: Entwicklung der Streckenlänge in Syrien

Quelle: Zentralstatistikbüro in Syrien, CFS, Stand 2009; Eigenbearbeitung

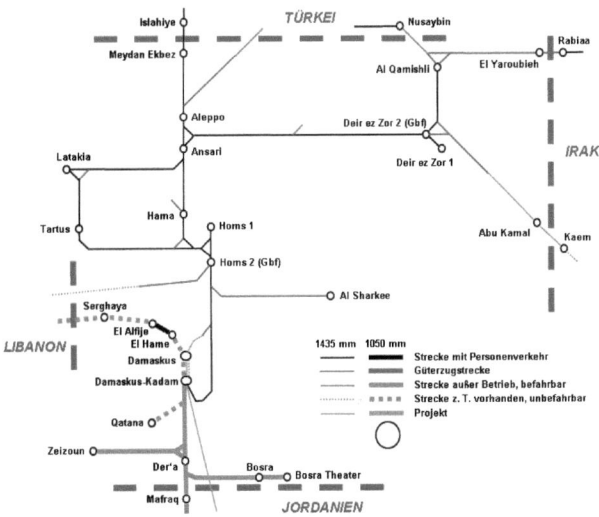

Abbildung 37: das syrische Eisenbahnnetz mit der Strecke zwischen Deir-ez-zor und Abu Kamal

Quelle: Joerg Haensel April 2007

7.5.5 Schienenfahrzeuge in Syrien

Der größte Anteil der Triebfahrzeuge ist russischer Herkunft und mehr als 20 Jahre alt. In den Jahren 2000 und 2001 wurden viele neue Triebfahrzeuge aus Frankreich importiert. Der Rest ist aus Deutschland und Irland. Die meisten Wagen wurden vor mehr als 20 Jahre aus der ehemaligen DDR, Rumänien und Polen importiert. Im Jahr 2006 und 2007 wurden neue moderne Züge (Train-Set) aus Südkorea importiert[212]. Syrien hat immer noch einige Dampfloks, die aber nur als Ausstellungsobjekte vor dem Hauptquartier der Syrischen Eisenbahngesellschaft in Aleppo und vor dem Hauptbahnhof in Latakia dienen.

Das Herkunftsland der Fahrzeuge z.B. die große Zahl aus UDSSR spiegelt die große Wirkung der Politik wider.

7.5.6 Schienenpersonenverkehr in Syrien

Im Reiseverkehr spielt die CFS eine kleinere Rolle im Vergleich zum Straßenverkehr. Dieser konzentriert sich auf die Strecken Damaskus_Aleppo mit fünf Zugpaaren und Aleppo_Latakia mit vier Zugpaaren täglich. Auf den anderen Strecken verkehren täglich ein oder zwei Zugpaare (siehe Anhang 4).

Bei Betrachtung der Lage des Schienenpersonenverkehrs in Syrien in den letzten 30 Jahren wird gesehen, dass sich die Fahrgastzahl ab 1980 verbessert bis sie ihre Spitze im Jahre 1991 bei 4.469.000 Fahrgästen und 1.314 Mio. Pkm erreicht hatte. Danach hat es sich stark verschlechtert bis zum Tiefstand im Jahre 1998 mit 804.000 Fahrgästen und 181 Mio. Pkm. Danach ist die Fahrgastzahl wieder gestiegen und die Lage hat sich etwas verbessert, aber sie hat immer noch nicht die Spitze aus dem Jahre 1991 erreicht[213] (Abb. 38, 39).

---

[212] Vgl. Tishreen University Journal for Studies and Scientific Research , No.28, 2006, S. 192

[213] Durchgeschnittenen Informationen von Tishreen University Journal for Studies and Scientific Research, Angaben des Transportministeriums & Statistikbüros in Syrien

Syrien als Beispiel für die Chance der Eisenbahn in EL

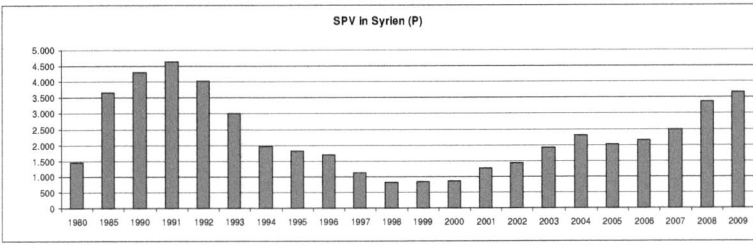

Abbildung 38: Entwicklung des Schienenpersonenverkehrs in Syrien (P),
Quellen: Zentralstatistikbüro, Tishreen University und Transportministeriums in Syrien, Eigenbearbeitung

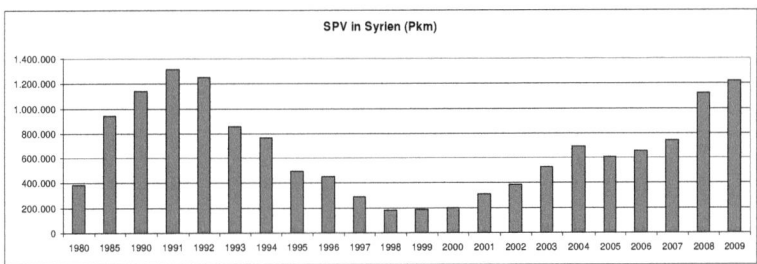

Abbildung 39: Schienenpersonenverkehr in Syrien (Pkm)
Quellen: Zentralstatistikbüro, Tishreen University und Transportministeriums in Syrien, Eigenbearbeitung

Schienenpersonenverkehr in Syrien besteht ausschließlich aus Fernverkehr mit einer mittleren Reiseweite von: in der Spitze (1991) 1.314.000 Pkm / 4.469 P = Ø 294 km/Fahrt; im Tiefpunkt (1998) 181.000 / 804 = Ø 225 km/Fahrt.

Andererseits ist die Nutzung des Zuges pro Person und Jahr sehr niedrig (im Jahr 1991: 1.314.000 / 13 Mio. Einw. = Ø 101 km /a pro P; im Jahr 1998: 181.000 / 14 Mio. Einw. = Ø 13 km /a pro P; im Jahr 2009: 1.223.432 / 22 Mio. = Ø 56 km / a pro P). Dieser Wert in Deutschland betrug im Vergleich 940 km/a und Person im Jahre 2009.

Syrien als Beispiel für die Chance der Eisenbahn in EL

- **Analyse des Unterschieds zwischen Spitze und Tiefpunkt**

Zur Betrachtung der negativen Entwicklung zwischen der Spitze in 1991 und dem niedrigsten Punkt in 1998 mit Berücksichtigung der Streckenlänge, der Fahrzeuge und der Fahrgastzahlen (Abb. 40) ist eine **kleine Verringerung der Triebfahrzeug-Zahl (≈ 6 %), Steigerung der Wagen-Zahl (24.5 %), Verlängerung des Streckennetzes (30 %), aber ein starker Einbruch in der Fahrgastzahl (- 82 %) zu sehen.**

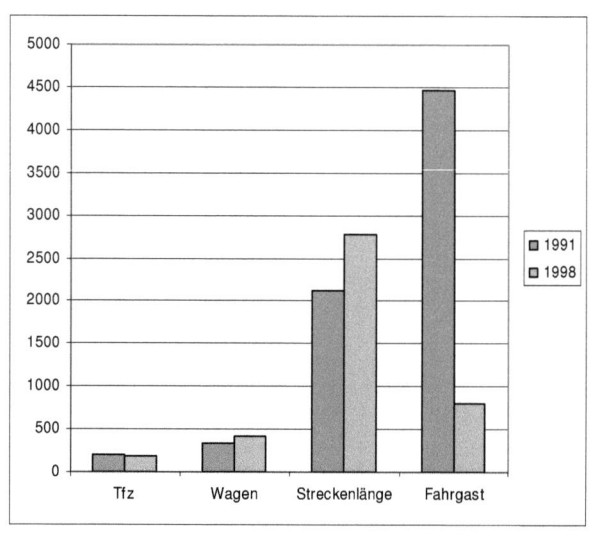

Abbildung 40: Vergleich zwischen der Spitze (1991) und dem Tiefpunkt (1998)

Quelle: Transportministerium & Statistikbüro in Syrien, Tishreen University Journal

Eigenbearbeitung

Das bedeutet, dass dieser Einbruch nicht an den Strecken oder Fahrzeugen liegt sondern am Betrieb, Instandhaltung und vor allem an der Management. Die Bahn hat ihre Attraktivität gegenüber den anderen Verkehrsträgern, besonders den Bussen, verloren. Die Preise sind fast gleich im Zug und im Bus geblieben aber die Fahrtzeit mit dem Zug ist länger geworden. Deswegen und wegen der Unpünktlichkeit mit der Bahn in Syrien haben die Fahrgäste das Vertrauen zur Bahn verloren. Die politische Unterstützung der privaten Bus-Firmen hat dabei eine große Rolle gespielt.

Syrien als Beispiel für die Chance der Eisenbahn in EL

- **Planung und Umsetzung bei der syrischen Eisenbahngesellschaft**

Abbildung 41 zeigt die mangelhafte Planung bei der syrischen Eisenbahngesellschaft im Vergleich der geplanten und durchgeführten Volumen des Schienenpersonenverkehrs.

Die Durchführungsspitze war in 1991. Der Plan wurde für die nächsten zwei Jahre erhöht bis zur Planspitze von 5.250.000 Fahrgästen im Jahr 1993. Die Fahrgastzahl ist aber stark gesunken. Die Lösung bei der Eisenbahngesellschaft war, den Plan zu verringern, statt die richtigen Probleme zu untersuchen und sie grundsätzlich zu lösen, obwohl das Netz, die Flotte und die Bevölkerungszahl sich vergrößert haben.

Das spiegelt die mangelhafte Planung und die falsche Strategie der Bahngesellschaft wider. Es ist zu merken, dass die geplanten Werte in 2003 kleiner als die durchgeführten in 2002 und es wiederholt sich in 2004.

Trotz einer Verbesserung mit der Schienenleistung von 2002 bis jetzt, ist die Spitze im Jahre 1991 noch nicht erreicht und die Schienenleistung in Syrien ist viel kleine als die Leistungsfähigkeit.

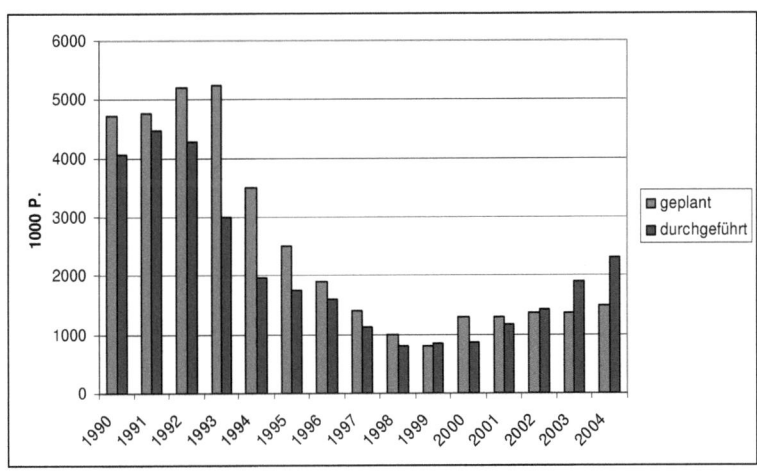

Abbildung 41: Planung & Durchführung des Schienenpersonenverkehrs in Syrien
Quelle: Tishreen University Journal, no. 28 S. 197; Eigenbearbeitung

7.5.7 Schienengüterverkehr

Erdöl, Phosphat und Gas sind die wichtigsten Güter auf der Schiene in Syrien, gefolgt von Getreide und Zement. Tabelle 18 zeigt die Güterbeförderung auf der Schiene in Syrien zwischen 2003 und 2008 (in 1000 t):

	2003	2004	2005	2006	2007	2008
Erdöl	3.140	3.686	4.272	4.171	4.830	4.667
Phosphat	1.513	1.736	2.153	2.379	2.431	2.076
Gas	186	285	331	323	333	291
Getreide	444	308	261	416	246	280
Zement	332	302	314	257	253	248
Sonstiges	453	202	1191	249	537	849
Exportwaren	26	98	57	48	56	11
Importwaren	271	399	464	595	638	709
Transit	49	216	144	314	126	174
Total	6414	7232	8187	8752	9450	9305

Tabelle 18: Die Schienengüterbeförderung in Syrien
Quelle: Zentralstatistikbüro in Syrien; Eigenbearbeitung

Im Vergleich der auf der Schiene geförderten Güter zu der Güterwagenzahl (7.5.3), wird gesehen, dass die Wagennutzung sehr niedrig ist. Im besten Jahr des SGV, also 2007 lag sie bei 9.450.000 / 4.122 GW ≈ 2300 t pro Güterwagen. Der Beförderungsanteil auf der Schiene zum Landtransport hat sich auch verschlechtert: zwischen 1985 und 2000, 12 % in 1985, 10 % in 1999 und 8 % in 2000. Von 2001 bis 2008 hat er sich wieder verbessert, aber er ist immer noch niedrig. Die Zahl der Mitarbeiter im SV hat sich jedoch ständig vergrößert (174 % von 1980 bis 2004[214]). Abb. 42 und 43 zeigen die Entwicklung des Schienengüterverkehrs in Syrien in den letzten 30 Jahren.

---

[214] Tishreen University Journal for Studies and Scientific Research, no. 28, S. 194

Syrien als Beispiel für die Chance der Eisenbahn in EL

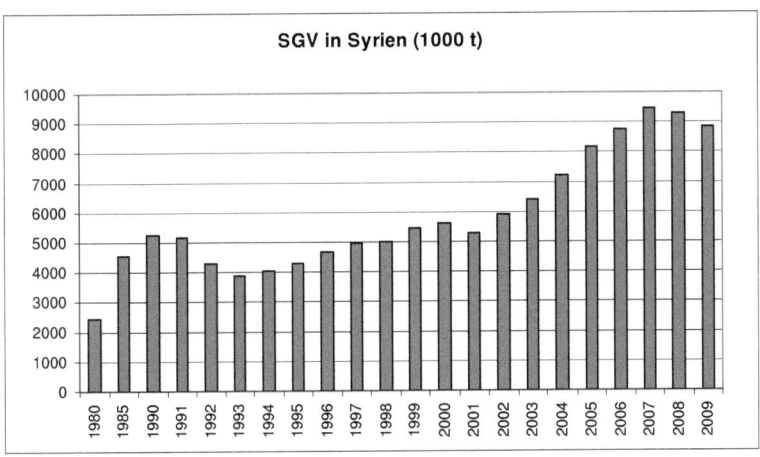

Abbildung 42: Entwicklung des Schienengütervolumens in Syrien (1000 t)

Quellen: Transportministerium, Zentralstatistikbüro in Syrien; Eigenbearbeitung

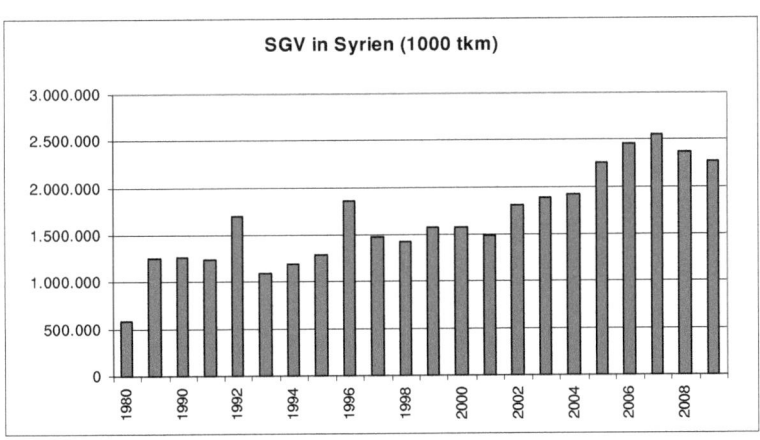

Abbildung 43: Entwicklung des Schienengütervolumen in Syrien (1000 tkm)

Quellen: Transportministerium, Zentralstatistikbüro in Syrien, Eigenbearbeitung

Der Straßengüterverkehr spielt immer noch die größte Rolle. In 2009 wurden 15.443.560 t auf den Straßen gegenüber 8.842.000 t auf der Schiene transportiert[215].

---

[215] Angaben von Zentralstatistikbüro & Transportministerium in Syrien, Stand 2010

7.5.8 Leistungsfähigkeiten der syrischen Eisenbahn

Verkehrleistung ergibt sich durch Multiplikation der Verkehrsaufkommenwerte mit den jeweils zurückgelegten Entfernungen (Personenkilometer Pkm bzw. Tonnenkilometer Tkm). Verkehrsleistungswerte stellen die Basis für Transportkosten und erzielbare Transporterlöse dar und bilden die Grundlagen für die Ermittlung der Auslastungsgrade der Transportgefäße sowie die Errechnung der wichtigsten Größe Fahrzeugkilometer (Fzkm), die für die Belastung der Verkehrswege, den Energieverbrauch und die Umweltbeeinträchtigungen (Lärm, Schadstoffe) von hohem Informationswert ist.

Die Leistungsfähigkeit der Verkehrsinfrastruktur wird vor allem durch die Netzdichte bestimmt. Je umfänglicher und verflochtener solche Netze sind, desto höher ist die Kapitalbindung. Das ist eng abhängig von der Siedlungs- und Produktionsstrukturen. Die folgenden hohen Kosten können nur dann über den Markt erwirtschaftet werden, wenn eine entsprechende hohe Auslastung erreicht wird.

Die rechnerische Verbindungsgröße zwischen der Verkehrsinfrastruktur und den Verkehrsmitteln bei der Eisenbahn ist Zugkilometer. **Hierzu besteht die Zielsetzung, eine gegebene Menge an Verkehrsleistungen (Personen- oder Tonnenkilometer) mit einer möglichst geringen Menge an Zugkilometer zu erbringen.**

Die Schienenleistungen mit ihrer Kosten und Erlöse in Syrien wurden in Tabelle 19 und Abb. 44 dargestellt.

Syrien als Beispiel für die Chance der Eisenbahn in EL

Jahr	Leistungen				Gesamtkosten (000 SP)	Einkommen (1000 SP)			Differenz
	Personenverkehr		Güterverkehr						
	P (000)	Pkm(000)	T (000)	Tkm (000)		Personen	Güter	Gesamt	
1980	1295	376966	2400	576700	111400	13167	57450	70617	-40783
1981	1598	424501	2900	703200	150500	18356	116636	134992	-15508
1982	1507	390727	3200	707800	167600	19930	127393	147323	-20277
1983	1798	446902	3100	741800	187400	24566	87558	112124	-75276
1984	2853	745340	3900	966388	265400	33583	125774	159357	-106043
1985	3402	616689	4549	1243359	364800	48935	226939	275874	-88926
1986	3297	893201	5099	1416878	397600	52488	195423	247911	-149689
1987	3722	1014996	5631	1508991	499500	65917	223397	289314	-210186
1988	4086	1121375	5997	1569436	581900	87497	356064	443561	-138339
1989	3900	1095891	5338	1349816	646300	100946	398614	499560	-146740
1990	4047	1139926	5237	1265252	785243	123174	538082	661256	-123987
1991	4469	1396362	5164	1236465	842975	150264	572469	722733	-120242
1992	4284	1252729	4285	1099329	1074168	202475	824627	1027102	-47066
1993	2996	854393	3895	1096144	1091820	158189	788274	946463	-145357
1994	1954	567361	4039	1189706	1344917	114128	976933	1091061	-253856
1995	1752	491904	4318	1284739	1374873	86421	1013238	1099659	-275214
1996	1602	452182	4653	1363718	1589876	77637	1172100	1249737	-340139
1997	1132	291982	4937	1438383	1420477	49411	1380995	1430406	+9929
1998	804	181379	4981	1430038	1447896	29655	1431449	1461104	+13208
1999	848	187138	5445	1577116	1520901	30573	1550259	1580832	+59931
2000	859	196457	5626	1567730	1720756	33932	1785785	1819717	+98961
2001	1174	303972	5288	1491120	2031022	54854	2254094	2308948	+277926
2002	1417	363720	5914	1811946	2168192	70190	2468992	2539182	+370990
2003	1907	527264	6398	1882352	2416290	102573	2361950	2464523	+48233
2004	2301	691915	7215	1922762	2591130	137870	2402920	2540790	-50340
2005	2012	606972	8187	2255826	3011000	k.A	k.A	3072000	+61000
2006	2148	658605	8752	2458088	3377000	k.A	k.A	3439000	+62000
2007	2492	744110	9450	2550742	3692000	k.A	k.A	3993000	+301000
2008	3365	1120021	9307	2370473	4556000	k.A	k.A	5027000	+471000
2009	3656	1223432	8842	2263236	4850000	k.A	k.A	5928000	+1078000

Tabelle 19: Leistungen und Kosten bei der syrischen Eisenbahn

Quellen: K. Karraz: Schienenverkehr in Syrien zwischen Wirklichkeit und Hoffnung, Tishreen University Journal for Studies and Scientific Research, no. 28, S. 194, Eigenbearbeitung

Syrien als Beispiel für die Chance der Eisenbahn in EL

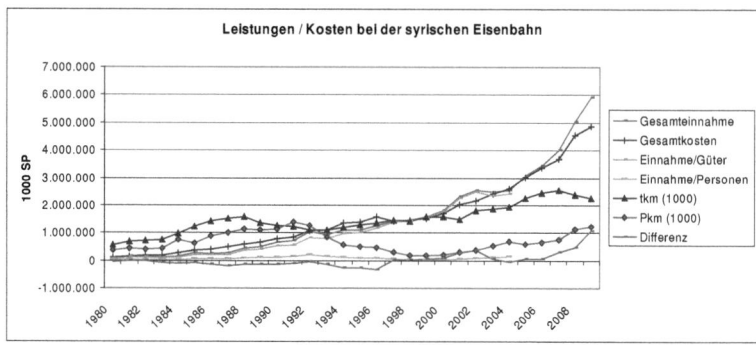

Abbildung 44: Leistungen und Kosten bei der syrischen Eisenbahn

Quelle: CFS, Eigenbearbeitung

Es ist zu bemerken, dass die größte Einnahme vom GSV ist.

Bezüglich der Streckendichte hat Syrien mit ca. 15,5 km/1000 km² relativ eine gute Streckendichte im Vergleich zu vielen Entwicklungsländern aber sehr niedrige im Vergleich zu Deutschland[216].

Bezüglich der Zugdichte ist die Leistungsfähigkeit einer Strecke oder eines Streckenabschnittes die maximale Anzahl der Züge, die in einem Zeitraum unter bestimmten betrieblichen und technischen Voraussetzungen diese Strecke befahren können.

Zur Ermittlung der Leistungsfähigkeit einer eingleisigen Strecke, wie es in Syrien der Fall ist, kann die folgende Formel benutzt werden[217]:

$$L_{str} = \frac{T_{ges}}{\min t_z + r_{erf}} \quad \text{wobei:}$$

T_{ges}: die tägliche mögliche Betriebzeit von 1440 Minuten für Einrichtungsbetrieb,

$\min t_z$: die mittlere Mindestzugfolgezeit,

r_{erf}: die erforderliche mittlere Pufferzeit.

---

[216] Es wurde hier die Gesamtstreckenlänge von beiden Eisenbahngesellschaften berücksichtigt

[217] R. Kracke: Eisenbahn-Betriebswissenschaft, Universität Hannover 1984

Wenn die Leistungsfähigkeit eines Streckenabschnittes in Syrien von 20 km mit einer Fahrgeschwindigkeit von 100 km/h, $min\ t_z$ von 25 Min., r_{erf} von 5 Min. berechnet wird, sollen mindestens 48 Züge / Tag fahren können. Tatsächlich fahren 10 Züge / Tag in beiden Richtungen auf der meist befahrene Strecke in Syrien Damaskus - Aleppo (siehe Anhang 4), also 20 %.

7.5.9 Hauptprobleme der syrischen Eisenbahn

In diesem Kapitel werden die Hauptprobleme, darunter die syrische Eisenbahn leidet, die ihre Leistungsfähigkeit nicht erreichen lassen ihre Lösungsvorschläge dargestellt.

7.5.9.1 Planerische Probleme

Vom Beginn einer Planung einer Eisenbahnstrecke bis zum Beginn der ersten Ausführungsmaßnamen vergehen meistens 5 bis 10 Jahre. Deswegen soll der Planungshorizont mindestens 20 Jahre voraus liegen.

Außerdem ist es empfehlenswert, die Planung alle 5 bis 10 Jahre fortzuschreiben. Dabei wird geprüft, ob:
- die tatsächliche Entwicklung der Einflussfaktoren der Prognose entspricht,
- die bereits durchgeführten Maßnahmen den beabsichtigen Erfolg hatten,
- andere Planungsmethoden zuverlässigere Aussagen erlauben,
- die ursprünglich geplanten Maßnahmenkataloge geändert werden müssen[218].

In Deutschland wurde 2003 der Betrachtungszeitraum für Kosten-Nutzen-Analyse im Bundesverkehrswegeplan (BVWP) auf 36 Jahre festgelegt: 5 Jahre Bauzeit und 31 Jahre Nutzungsdauer[219].

In Syrien ist es aber sehr schwierig konkrete Informationen und Basisdaten für eine Planung zu bekommen. Die Angaben sind versteckt und die verfügbaren Daten sind sehr variabel von Quelle zu Quelle. Auch fehlt eine klare angestrebte Ordnung oder Politik

---

[218] J. Siegmann, Grundlagen der Verkehrsplanung, Modul P10, S. 17

[219] R. Schach, P. Jehle, und R. Naumann, Transrapid und Rad-Schiene-Hochgeschwindigkeitsbahn, Berlin/Heidelberg: Springer, 2006, S. 257

für die Entwicklung. In den Achtzigern wurde sehr lange über ein U-Bahn-Netz in Damaskus diskutiert, ohne dass bisher mit dem Bau begonnen wurde. Mal wird ein S-Bahn-Netz, mal ein U-Bahn-Netz, mal ein Straßenbahn-Netz oder Monorail vorgeschlagen, aber es wird keine Entscheidung getroffen. Anfang der achtziger Jahre haben die Russen mit einer Studie für ein U-Bahn-Netz und einen Hauptbahnhof in Damaskus begonnen. Im 1987 war die Studie fertig, aber es wurde keine Entscheidung getroffen. Im 2000 wurde mit einer neuen Studie begonnen, weil die vorherige Studie alt war und die neue Studie die Entwicklungen seither berücksichtigen sollte. Später wurde eine französische Firma beauftragt, eine neue Studie für ein U-Bahn-Netz zu erstellen. Die Studie ist seit 2009 fertig aber es gibt noch keine Entscheidung für die Durchführung. Es fehlt ein integriertes und umsetzbares Konzept oder Masterplan zur Lösung der Verkehrsprobleme.

7.5.9.2 Wirtschaftliche Probleme

Wirtschaftlich befindet sich Syrien in einer Übergangsphase von einer staatlich gelenkten Planwirtschaft zu einer sozial orientierten Marktwirtschaft.

Um die Privatwirtschaft zu stärken und Anreize für Investitionen zu schaffen, sind eine stärkere Liberalisierung, eine Reform der Verwaltung und der Abbau von Bürokratie dringend erforderlich. Der überwiegende Teil der Staatseinnahmen stammt aus Erdölexporten, doch die Fördermengen des Landes sinken. Der Staat ist daher gezwungen, alternative Einnahmequellen zu erschließen[220].

Touristik- und Landwirtschaftsressourcen bzw. der Transportsektor sind wichtige Einnahmequelle in Syrien. Eine große Herausforderung für die Reformkräfte in Syrien ist es, den Reformprozess sozial verträglich zu gestalten und eventuelle negative Folgen, wie zum Beispiel Personalabbau beim Staatsapparat oder Preiserhöhungen zu vermeiden.

---

[220]http://www.bmz.de/de/was_wir_machen/laender_regionen/naher_osten_nordafrika/syrien/index.html, Zugriff 02.09.2010

Der Transportsektor mit einem Beitrag zum BIP Syriens von 13 % ist ein wichtiger Sektor für die syrische Wirtschaft und Gesellschaft[221]. Der Beitrag des Schienenverkehrs in diesem Sektor mit seinen heutigen Leistungen ist jedoch sehr niedrig (Tabelle 20).

Verkehrart	Straßenverkehr	Luftverkehr	Seeverkehr	Schienenverkehr
Beitrag im BIP	91 %	3.5 %	3.1 %	2 %

Tabelle 20: Beitrag des Verkehrsektor im BIP in Syrien
Quelle: United Nations Development Programme/ Syria 2025

Für die Bewertung der wirtschaftlichen Lage der Eisenbahn in Syrien werden die Kosten und die Erlöse betrachtet. Unter den Kosten sind die Betriebs-, Infrastruktur-, Personal-, Instandhaltung- und Energiekosten und die Abschreibungen zu sehen. Die Personal-, Betriebs-, Instandhaltungs-, und Energiekosten werden von der Einnahme gedeckt. Seit 1997 begann die bezügliche Differenz positiv zu werden (siehe Tabelle 19). Nach Angaben der syrischen Eisenbahngesellschaft betragen die Subventionierung vom Staat 5 Mrd. SP ≈ 83 Mio. € im Jahr. Zuschusse dürfen aber nur an die Infrastruktur gezahlt werden. Die Baukosten einer neuen Strecke in Syrien liegt etwa bei 60 Mio. SP ≈ 1 Mio. € pro km einschließlich Signale und Sicherungssystem. Die nicht gedeckten Kosten von der Einnahme und Zuschuss des Staats werden durch Darlehen und Zuschusse von Geberländer –und Organisationen ersetzt werden. Eine 15 km U-Bahn-Strecke mit 18 Stationen in Damaskus kostet voraussichtlich eine Milliarde Euro und braucht mindestens neun Jahre Bauzeit[222]. Dieses Projekt kann ohne ausländische Hilfe nicht realisiert werden.

---

[221] S. Daoud, Studie zum United Nations Development Programme/ Syria 2025, S. 13,14

[222] www.syria-news.com, Zugriff 13.11.2007

7.5.9.3 Technische Probleme

Das Netz insgesamt ist veraltet und leidet unter großen konstruktiven Mängeln:

Die Betonschwellen sind leicht zerbrechlich und nach langer Liegedauer werden die Schwellenköpfe und die Betonfestigkeit beschädigt; die Holzschwellen sind in einem schlechten Zustand. Bei der Schienenbefestigung sind die Spannklemmen wegen nicht ausreichender Fertigungsgenauigkeit der Federclips leicht zu lösen, was die Stabilität der Schienen gefährdet. Die verwendeten Zwischenlagen und Isolatoren sind zu steif und verschleißen schnell, was zu mangelnder Gleiselastizität führt. Der fehlende Vorkopf-Schotter und der schlecht ausgeführte Bettungsquerschnitt verursachen Gleisverwerfung und unebene Schienen[223] (siehe Abb. 45). Die Bahnübergänge stellen ein großes Problem im syrischen Netz dar. Das Kommunikationssystem ist sehr alt und schlicht, weil das heutige Netz auf den Technologien der 60er Jahre des 20. Jahrhunderts basiert. Die Fahrzeuge sind auch alt und die Instandhaltung ist nicht ausreichend. Aufgrund der niedrigen Standards der Wege und des schlechten Zustandes der Fahrzeuge ist die Fahrgeschwindigkeit gering. Zusätzlich ist die Ab- und Zugangzeit hoch und die Kompatibilität mit den anderen Verkehrsmitteln niedrig, was die Fahrtzeit verlängert und mehr Kosten bis zum Erreichen des Zieles verursacht. Dadurch verliert die Bahn die Pünktlichkeit, die Leistungsfähigkeit und in Folge die Attraktivität gegenüber dem Bus, Sammeltaxi und Pkw.

---

[223] Vgl. J. Zarour, ETR 1+2 / 2009, S. 27,28

Syrien als Beispiel für die Chance der Eisenbahn in EL

Abbildung 45: konstruktiv mangelhafte Schienenstrecken in Syrien

Quelle: privat

7.5.9.4 Besondere Probleme

Private Investitionen im Transportbereich waren für lange Zeit individuell bzw. familiär. Es gab keine Garantie oder politischen Schutz für private Investitionen. Die Mentalität hat auch einen Einfluss: die Verantwortlichen und viele Beschäftigten fahren nicht mit dem öffentlichen Verkehr aus Prestigegründen und sie fahren keine Fahrräder. Die Zeit hat bei vielen Personen wenig Wert. Verantwortungsbewusstes Verhalten ist mangelhaft. Diebstahl der Kabel für Kupferhandel sowie Steinwurf auf die Züge sind auch Probleme für die syrische Eisenbahn. Im Verkehrssektor ist die Korruption ein erheblicher Kostenfaktor. Millionenbeträge gehen wegen der Korruption verloren, wodurch auch die Qualität der Infrastruktur leidet und sich die Aufbau- und Unterhaltskosten der Verkehrsinfrastruktur erhöhen.

7.5.10 Zukünftige Strategie und Plan der syrischen Eisenbahngesellschaft

Das syrische Netz soll ausgebaut und modernisiert werden, um das Passagier- und Gütervolumen zu erhöhen und eine Realisierung der Rolle als Knotenpunkt zwischen Europa und den Golfstaaten durch die Nord-Süd-Achse einerseits und zwischen Europa und dem Iran bis Ostasien durch die West-Ost-Achse andererseits zu ermöglichen. Die Eisenbahngesellschaft will eine Modernisierung und eine eventuelle Elektrifizierung der Strecken bis 2020 durchführen, insbesondere der Strecken, die am Anfang des 20. Jahrhunderts gebaut worden sind, sowie der Strecken Aleppo-Damaskus, Aleppo-Latakia und Aleppo-Al Qamishli. Dabei wird berücksichtigt, dass der Eisenbahnunterbau für mögliche Geschwindigkeiten von 250 km/h, der Oberbau für Geschwindigkeiten von 120 km/h im Güterverkehr und von 160 km/h im Personenverkehr ausgelegt wird. Gleichzeitig werden Schienen des Typs UIC 60 und Schwellen der Typen B90 und B70 sowie Schienenbefestigungen der Bauart Pandrol e-Clip genutzt. Außerdem sollen bis zum Jahr 2020 weitere Normalspurweite-Strecken neu erschlossen werden[224] (Abb. 46).

---

[224] http://www.syrische-eisenbahn.de/SyrianRailways/CFS/CFS-G.htm, Zugriff 29.09.2010

Syrien als Beispiel für die Chance der Eisenbahn in EL

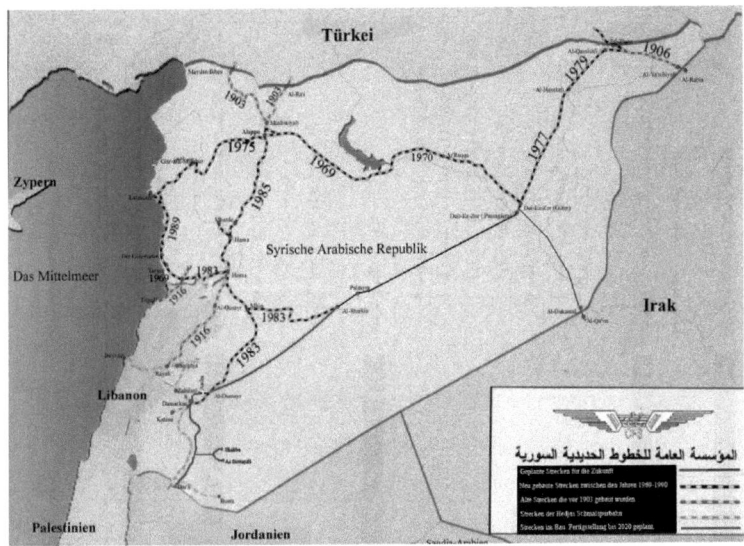

Abbildung 46: Erweiterung des syrischen Schienennetzes geplant bis 2020

Quelle: CFS

Die geplanten Beförderungsvolumen bis 2020 sind folgende[225]:

	Mio. P	Mio. Pkm	Mio. t	Mio. tkm
2010	3,15	1.069	12,8	4.200
2015	7	2.550	19,5	7.500
2020	10,3	4.017	25,7	10.300

Tabelle 21: geplante Schienen-Beförderungsvolumen bei der syrischen Eisenbahngesellschaft bis 2020

Quelle: CFS

---

[225] Transport-Magazin, Syrien (4) 9/2004 S. 58

7.6 Syrien als positives Beispiel für Verbesserung der Eisenbahn

Laut einer Online-Umfrage im Jahre 2011 über den Eisenbahndienst in Syrien haben 3700 Personen daran teilgenommen: 36,7 % haben den Dienst mit „schlecht" aber 27,3 % mit „sehr gut", 18,5 % mit „gut" und 17,5 % mit „befriedigend" beurteilt[226]. Das bedeutet, trotz der zahlreichen Probleme ist **die Tendenz für die Eisenbahn in Syrien positiv**. Durch persönliche Kenntnisse, Erfahrung und direkten Kontakt mit vielen Personen in Syrien, streben die Leute dort ein sicheres und zuverlässiges Verkehrsmittel an. Der Fahrpreis ist ein wichtiger Faktor aber nicht der absolute. Die Leute sind bereit mehr für die Bahn zu zahlen als für den Bus, wenn die Bahn zuverlässig und verfügbar ist.

Mit Betrachtung einerseits der starken Umweltbelastungen in Syrien durch Lärm, Schadstoffemissionen, Flächenverbrauch, Straßenverkehrsunfälle und andererseits des Bevölkerungswachstums, der Siedlungsstruktur, des Pro-Kopf-Einkommens, des Bestandes an Pkw und der Tendenz, muss ein öffentliches Verkehrsystem für den Fern- und Nahverkehr gefördert werden. Syrien hat ein hohes Bevölkerungswachstum (Tabelle 22). 35 % der Einwohner sind jünger als 15 Jahre (Tabelle 1).

Jahr	1960	1970	1981	1994	2004	2005	2006	2007	2008	2010
Einw. [Mio.]	4,6	6,3	9,5	13,8	17,9	18,3	18,8	19,2	19,4	22,5

Tabelle 22: Bevölkerungswachstum in Syrien

Quelle: Zentralstatistikbüro in Syrien, Eigenbearbeitung

Da es ein Schienennetz in Syrien gibt, soll dieses Netz ausgebaut und die noch notwendigen Verbindungen neu gebaut werden. Die geografische Lage Syriens ist ein Faktor und Vorteil für die Verbesserung des Schienennetzes.

---

[226] http://www.cfssyria.sy/CFS/index.php?option=com_poll&task=results&id=16, Zugriff 25.02.2001

Syrien als Beispiel für die Chance der Eisenbahn in EL

7.6.1 Inländische Entfernungen und demografische Konzentrationen

Die Einwohnerzahl und Entfernungen zwischen den syrischen Städten sind in Tabelle 23 dargestellt:

Stadt / Einwohner (1000)	Damaskus u. Umg.	Aleppo	Homs	Hama	Latakia	Deir-ez-zour	Idleb	Al-Hasakeh	Al-Rakka	Sweida	Dara	Tartous	Qunetira
Damaskus und Umgebung 1669+2487	0	355	162	209	348	691	335	866	547	124	101	258	67
Aleppo 4393	355	0	193	146	186	317	59	511	192	479	456	276	422
Homs 1647	162	162	0	47	186	529	173	704	385	286	263	96	229
Hama 1491	209	146	47	0	145	483	126	657	338	333	310	161	276
Latakia 943	348	186	186	145	0	513	127	697	378	472	449	90	415
Deir-ez-zour 1094	691	317	529	483	513	0	389	177	138	813	792	593	758
Idleb 1359	335	59	173	126	127	389	0	570	251	459	436	217	402
Al-Hasakeh 1377	866	511	704	657	697	177	570	0	319	990	967	787	933
Al-Rakka 854	547	192	385	338	378	138	251	319	0	671	648	468	614
Sweida 346	124	479	286	333	472	813	459	990	671	0	68	364	98
Dara 916	101	456	263	310	449	792	436	967	648	68	0	359	76
Tartous 750	258	276	96	161	90	593	217	787	468	364	359	0	325
Qunetira 79	67	422	229	276	415	758	402	933	614	98	76	325	0

Tabelle 23: Entfernungen und demografische Konzentrationen in den syrischen Städten

Quelle: Zentralstatistikbüro in Syrien, Stand 2008, Eigenbearbeitung

Wenn die Entfernungen zwischen den Ballungszentren (Tabelle 23), der Marktbereich der Bahn zwischen 200 und 500 km (siehe 5.3) und Prognose des Verkehrsaufkommens (5.4.2.4) zusammen betrachtet werden, zeigt diese Tabelle optimale Voraussetzungen für den Marktbereich der Bahn in Syrien. Die Entfernungen von 50 bis 200 km zwischen benachbarten Zentren und Einwohnerzahl zwischen 200.000 und 500.000 Einwohner z.B. Damskus_Qunetira, Damaskus_Dara, Dara_Sweida, Tartus_Homs, Homs_Hama, Aleppo_Idleb, Idleb_Hama, Latakia_Idleb, Latakia_Tartus, Latakia_Jableh u.v.m soll die Regionalbahn eine wichtige Bedeutung haben. Damaskus und Damaskusumgebung werden immer zusammen als größtes Ballungszentrum betrachtet. Die Einwohnerzahl in Damaskus ist ca. 1,7 Mio. wird aber immer verkehrsmäßig mit 4,4 Mio. berechnet wegen der häufigen täglichen Bewegungen in der Hauptstadt besonders zwischen Damaskus und Damaskusumgebung. Wenn die Entfernungen zwischen Damaskus-Zentrum und den Vororten in Damaskusumgebung von im Schnitt 30 km und die Einwohnerzahl von im Schnitt 100.000 Einwohner z.B. Douma, Daraya, Kattana, Zabadane, Kutaifa einerseits, und die Notwendigkeit der Entlastung des Zentrums von Damaskus besonders der Altstadt andererseits, betrachtet werden, **ist ein Regionalbahnnetz zwischen Damaskus und Umgebung zu empfehlen**[227]. Die vorhandenen aber momentan nicht befahrenen Strecken (siehe Abb. 37) müssen ausgebaut werden. Die Schmalspurstrecken müssen nicht unbedingt auf Normalspurstrecken umgebaut werden. Es wäre vernünftiger, die vorhandenen Strecken mit Hedschasbahn innerhalb Syriens als Kern für ein **Regionalbahnnetz** auszubauen und zu nutzen. Dieses Netz soll unabhängig von dem geplanten Schienennetz für den Fernverkehr sein.

Das Schienenfernverkehrsnetz in Syrien muss auch **ausgebaut und modernisiert** werden. Die Streckendichte und Leistungsfähigkeit sind nicht befriedigend aber sie sind relativ gut im Vergleich zu den anderen EL. Die Bahn in Syrien kann das vorhandene Netz wesentlich effizienter nutzen (siehe 7.5.8).

Wenn der ehrgeizige Plan bis 2020 durchgeführt wird (siehe 7.5.10 und Abb. 46), sind alle syrische Städte mit dem Schienennetz verbunden, das heißt, **die Dringlichkeit geht**

---

[227] Nach der deutschen Kenndaten im SPV sind die mittlere Reiseweite in km: 225/325 bei InterCity/ICE; 125 bei InterRegio; 60 bei Regionalexpress; 20 bei Regionalbahn und 12 bei S-Bahn (Quelle: P. Mnich: charakteristische Kenndaten im Personenverkehr in Deutschland in der Vorlesung von Betriebssysteme elektrischer Bahnen, 030, Nov. 2006)

Syrien als Beispiel für die Chance der Eisenbahn in EL

in Syrien nicht um Neubaustrecken sondern um die Erneuerung und Ausrüstung der vorhandenen Strecken zwecks Erhöhung der quantitativen und qualitativen Leistungsfähigkeit der syrischen Eisenbahn.

Das syrische Netz soll Strecke für Strecke nach Prioritäten verbessert und modernisiert werden. Die Schienenverbindung zwischen Aleppo und Damaskus über Homs und Hama hat dabei die höchste Priorität, weil diese Strecke einerseits die größten Bevölkerungszentren und die wichtigsten Industriestandorte Syriens verbindet, und andererseits ist sie die wichtigste Achse zu Europa durch die Türkei im Norden und zu Jordanien und anschließend zu den Golfstaaten im Süden. Danach kommt die Strecke Aleppo-Latakia-Tartus-Homs, da diese Strecke die beiden bevölkerungsdichte Hafenstädte mit Homs als Zentrum für Syrien mit der größten Raffinerie und der Phosphatquellen und mit Aleppo als wichtiger Schienenknotenpunkt. Die Strecke Deir-ez-zour_Abu kamal hat eine sehr große Bedeutung als Güterstrecke, da hier angeblich 750 t/Tag zu transportieren sind. Die Strecke Palmyra_Deir-ez-zour ist auch wichtig als Güterstrecke, da Erdöl- und Gasquellen sich dort befinden, aber auch Personenstrecke, da Palmyra eine historische Stadt und ein wichtiger Touristenpunkt für Syrien ist, und eine wichtige Verbindung mit dem Irak bildet.

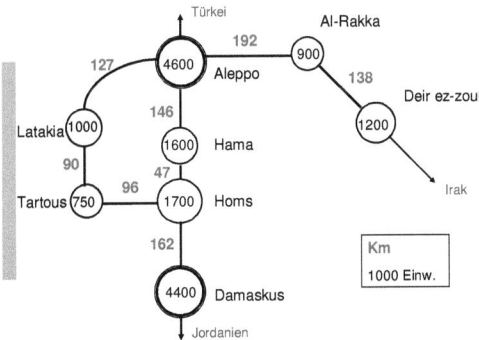

Mit der CFH hat Syrien schon Erfahrung von Trennung zwischen EVU und EIU, da die Infrastruktur der Hedschasbahn zum Ministerium der heiligen Stiftungen „Awqaf" gehört, wird aber durch das Verkehrsministerium betrieben. Das ist zwar alles staatlich aber prinzipiell ist die Trennung machbar. Diese Bahn wurde auch größtenteils mit Spendengeldern von Pilgern finanziert. Das kann zu einem PPP-Vorhaben entwickelt werden. Wenn die Rolle der Schiene aktiviert wird und die Erneuerungs- und Ausrüstungsmaßnahmen erfolgreich realisiert werden, kann die Bahn ihre Attraktivität und das Vertrauen zu den Kunden wieder aufbauen.

7.6.2 Gründe für SPNV in den Großstädten Syriens

In Syrien befinden sich die Zentralisierung der Bevölkerungen und der Verwaltungsbehörden in den Großstädten, besonders in der Hauptstadt Damaskus und Damaskusumgebung (4,4 Mio. Einw. mit Bevölkerungsdichte von 17.474 Einw. /km²) und in Aleppo (4,6 Mio. Einw. mit Bevölkerungsdichte 23.000 Einw. / km²) mit hohem Bevölkerungswachstum von 3,4 % pro Jahr[228].

Laut einer Studie von JICA (Japan International Cooperation Agency) in Damaskus wurden 520.000 Fahrgäste pro Tag im Jahre 2003 gerechnet, 72 % der täglichen Fahrten wurden mit den vorhandenen öffentlichen Verkehrsmitteln (Busse, Minibusse und Taxis) durchgeführt, 25 % mit dem Pkw[229.] In 2010 verkehrten 310 Busse, 12.000 Mikrobusse und 30.000 Taxis als ÖPNV in Damaskus[230]

Die Straßen sind voll und haben ihre Kapazität überschritten. Im Jahr 2020 wurde die Verkehrsnachfrage von 800.000 Fahrgäste/Tag und die Zahl der Fahrgäste von Damaskus zum Flughafen auf 20 Mio. Passagiere prognostiziert. Wenn ein Bus im Schnitt 1200 Passagiere pro Tag befördern kann, ergibt sich ein erforderliches Transportangebot im öffentlichen Personenverkehr von etwa 0,8 Bussen pro 1000 Fahrgäste. Dadurch benötigt Damaskus allein heutzutage mehr als 3.000 Busse und ungefähr 4.800 Busse im Jahre 2020[230.]

Da die Ministerien, Botschaften, die wichtigsten Behörden und die Arbeitschancen sich in der Hauptstadt befinden, nimmt die Binnenmigration von der Umgebung nach Damaskus stark zu. Das resultiert eine große Siedlungsdichte. Die durchschnittliche Fahrtgeschwindigkeit auf der Straße beträgt 5 km/h aufgrund häufiger Engpässe. Daraus resultiert hoher Stress mit der Folge vieler Straßenverkehrsunfälle.

---

[228] http://bevoelkerungsstatistik.de/wg.php/Damaskus, Zugriff 01.02.2011

[229] General Company for Engineering & Consulting, Gründe für Metro Damas, S. 7

[230] J. Zarour: Transportprobleme in Damaskus und Lösungsansätze für eine nachhaltige Verkehrsplanung, ein Vortrag von der Alumni-Sommerschule, TU Berlin 2010

Syrien als Beispiel für die Chance der Eisenbahn in EL

Die Statistiken zeigen, dass jährlich wegen Straßenverkehrsunfällen im Schnitt in Syrien 1500 Menschen getötet werden, davon 300 in Damaskus; über 7000 Menschen verletzt, 3000 davon in Damaskus.

Die daraus resultieren Kosten sind sehr hoch. Die jährlichen Verspätungskosten auf den Hauptstraßen in Damaskus wurden mit 4.227 Mio. SP / Jahr angegeben ($\approx$ 76 Mio. €), obwohl nur 0,5 € / Person / Stunde angesetzt wurden[231].

Die Straßenverkehrslärmwerte in Damaskus betragen 95 - 106 Dezibel (der normale Wert soll um 40 sein), der zulässige Wert der Luftverschmutzung ist vielfach überschritten[232]. Von allen diesen Gründen ist ein sicheres, leistungsfähiges, umweltfreundliches und günstiges öffentliches Verkehrsmittel in Damaskus und in den anderen Großstädten notwendig.

Die Eisenbahn kann die Wettbewerbfähigkeit im Nahverkehr haben, da sie die Erwartungen der Verkehrsnutzer durch ausreichendes Platzangebot, Bequemlichkeit, starren Fahrplan, kurze Reisezeit, Fahrkomfort, Haltestellenwitterungsschutz, Anpassungsmöglichkeiten von Verdichtung des Taktes und Verstärkung der Zugeinheiten, preiswerte Tarife und guten Kundendienst erfüllen kann.

Die U-Bahn kann diese Rolle spielen hinsichtlich ihrer großen Leistungsfähigkeit, hohen Geschwindigkeit, Flächenersparnis, hohen Sicherheit, Pünktlichkeit, geringeren Umweltbelastungen und Behinderung für andere Verkehrsteilnehmer einerseits und dem hohen Auslastungsgrad andererseits. Wenn die Kosten nicht zu leisten sind oder die Tunnel hinsichtlich der Historie der Stadt nicht durchzuführen sind, ist die Straßenbahn oder eine Stadtschnellbahn die Alternative. Damaskus hatte vor 100 Jahren Erfahrung mit Straßenbahn. Ab 1906 wurden 6 elektrifizierte Straßenbahnlinien von 10 km Netzlänge und einer Spurweite von 1050 mm eingerichtet, einschließlich einer Überlandlinie nach Duma[233].

---

[231] Notwendigkeit eines Metros in Damaskus, Damaskus Universität 2008

[232] Notwendigkeit eines Metros in Damaskus, Damaskus Universität 2008

[233] J. Zarour: Transportprobleme in Damaskus und Lösungsansätze für eine nachhaltige Verkehrsplanung, ein Vortrag vor der Alumni-Sommerschule, TU Berlin 2010

8. Katalog der Kriterien und Maßnahmen für die Realisierung der Schienenbahnen in EL

Aufgrund der dargestellten Daten und Informationen über die EL im Allgemeinen (Kap. 2 u. 3), über die Verkehrs- und Schienenverkehrslage in EL (Kap. 4) im Vergleich zu Deutschland, durch Erläuterung der Bedeutung des Einsatzes der Schiene in der Verkehrsplanung im Allgemeinen und für die EL insbesondere als literaturwissenschaftliche Basis in dieser Arbeit (Kap. 5), durch Beleuchtung der wichtigsten wirtschaftlichen Aspekte für Eisenbahnprojekte und ihre Kostendeckungsmöglichkeiten (Kap. 6) und durch ausführliche Darstellung des Schienenverkehrs in Syrien als Beispiel für die EL einschließlich der davon positiven und negativen Bildern, werden in diesem Kapitel die Schlussfolgerungen dieser Arbeit eingegangen, eingeteilt in drei wichtige Realisierungsfaktoren der Schienenbahnen in EL und schließlich werden die Ergebnisse in einem Schema dargestellt.

8.1 Grundsätzliche Indikatoren und Rahmenbedingungen

Die hohen Investitionen in die Infrastruktur sind die größten wirtschaftlichen Herausforderungen für die Schienenbahnprojekte. Wegen dieser hohen Kosten und die resultierenden Abschreibungen sollte die neue Infrastruktur einen hohen Auslastungsgrad erwarten lassen. Das kann gelingen, wenn die Bahn attraktive Angebote in SPV und SGV ermöglicht. Damit diese Rahmenbedingungen erfühlt werden können, müssen besondere Indikatoren verfügbar sein:

8.1.1 Sicherheit und politische Stabilität des Landes

Mit Unsicherheit und Instabilität und neben großen Konflikten wie zum Beispiel zwischen Israel und den Palästinensischen Gebieten oder im Irak oder in Afghanistan ist es schwierig eine nachhaltige Entwicklung zu verwirklichen oder unter diesen Umständen an strategische Projekte zu denken. Genau so gefährlich sind die zwischenstaatlichen Konflikte um die Nutzung von Wasser, Öl und Erdgas oder die innerstaatlichen Konflikte um Minderheitenrechte und die Selbstbestimmung von Bevölkerungsgruppen, die am Ende zu Bürgerkriegen führen können.

Die Sicherheitsrisiken gehen aber auch zunehmend von nichtstaatlichen Akteuren und Bewegungen in vielen Regionen aus: Verarmung und Unterdrückung haben den Zulauf zu Gruppen verstärkt, die unter Missbrauch religiöser Begründungen Gewalt und Terrorakte im eigenen Land und auch im Ausland rechtfertigen. Sie bedrohen die regionale und weltweite Sicherheit. Die Länder, die in soziale Sicherungssysteme investieren, sind wirtschaftlich erfolgreicher.

Soziale Sicherungssysteme fördern den sozialen Ausgleich, um Stabilität und Frieden zu erhalten. Der Aufbau eines nachhaltigen Systems sozialer Sicherung ist jedoch nicht nur eine Frage des Geldes. Es geht vor allem darum, Systeme zu entwickeln, die an den speziellen Bedürfnissen des jeweiligen Landes angepasst sind[234].

Eine wirtschaftliche und politische Stabilisierung der EL hat auch positive Effekte für das ökonomische und politische Gleichgewicht in der ganzen Welt und sogar eine Voraussetzung für den Weltfrieden in der Zukunft[235].

Zusammenarbeiten und Kooperationen zwischen Entwicklungs- und entwickelten Ländern sind auch sehr wichtig im Bereich der Sicherheitspolitik und des Kampfs gegen den Terrorismus.

Ein wichtiger Zugang zu einer starken Wirtschaft im Land und zu einem hohen Verkehrsaufkommen ist der Tourismus, was aber auch Stabilität verlangt. In den arabischen Länder, die Anfang 2011 Proteste und Unruhen erlebt haben, vor allem in Tunesien und Ägypten, wurde der Tourismus, der Rückrat der Wirtschaft in den beiden Ländern ist, stark getroffen. Vom Ausnahmezustand in Tunesien wurde auch der Transport- und Logistiksektor beeinträchtigt. Geschäftsreiseverbot wurde verhängt, Niederlassungen wurden geschlossen, um die Sicherheit von Mitarbeitern und Gütern zu gewährleisten[236]. Die politische Unruhe in Libyen und in manchen Golfstaaten hat die Ölpreise angeheizt und die Transportkosten erhöht. Das hat nicht nur lokale Wirkung sondern auch internationale. Steigen der Ölpreise bremsen die wirtschaftlichen Aufschwung und

---

[234] Vgl.
http://www.bmz.de/de/publikationen/reihen/infobroschueren_flyer/flyer/FlyerSozialeSicherungssysteme.pdf, Zugriff 08.09.2010

[235] Vgl. H. Wagner, Wachstum und Entwicklung, 1993, S. 22

[236] E. Förster in http://www.dvz.de/news/international/artikel, Zugriff 20.01.2011

schlagen sich vor allem auf die Margen der Transportunternehmen. Diese höheren Kosten werden direkt oder indirekt an die Kunden weitergegeben[237]. Der Grund für Entwicklungspolitik liegt an Sicherheit und Wohlstand. Politische Stabilität ist die Beständigkeit der öffentlich wirksamen Gesellschaft (staatlich oder regional). Instabile Politik-Situationen, Revolutionen, Unruhen, massive Korruption, Wirtschaftkrisen und hohe Arbeitslosigkeit infolge Armut, Hunger oder Ungerechtigkeit bringen keine Chance für strategische Projekte. Die meisten Völker in EL wünschen sich Sicherheit in Form von politischer und wirtschaftlicher Stabilität weshalb werden sogar Diktatoren oft und für lange Zeit akzeptiert werden[238]. Die politische Stabilität führt zu stabile soziale Marktwirtschaft, die zu einer friedlichen und nachhaltigen Entwicklung führt. **Ein positiv funktionierendes politisches System, in dem solche Projekte frei und offen diskutiert und mit Sicherheit investiert und durchgeführt werden können, ist von höchsten Priorität.** Die wichtigsten Zeichen einer politischen Stabilität sind die Transparenz, die Freimeinung, die Würde und Wohlfahrt des Menschen.

Bekämpfung der Korruption ist eine Notwendigkeit. Wegen der gesellschaftlichen, politischen, wirtschaftlichen Situation, der hohen Arbeitslosenquoten und der ungleichen Einkommensverhältnisse ist eine wirksame Bekämpfung der Korruption nicht einfach, aber sie ist eine Notwendigkeit. Die Hauptaufgaben dabei liegen in der Lösung der finanziellen Probleme der Beamten, sodass sie angemessen bezahlt werden, (Für den, der keinen Hunger hat, hat das Essen keine Bedeutung), und Verstärkung der kontrollierenden Institutionen. **Die Korruption muss auch konsequent bekämpft werden durch die Stärkung der Medien und die Effizenz von Verfahren in der Justiz durch Informationstechnologie sowie Förderung von Demokratie, Zivilgesellschaft, Rechtsstaatlichkeit und friedlicher Konfliktbeilegung. Der Korruptionsgrad im Land ist ein entscheidender Investitionsfaktor.**

Transparenz und Öffentlichkeit sind die Schlagwörter bei der Korruptionsbekämpfung.

---

[237] Vgl. http://www.dvz.de/news/aktuell.html, Zugriff 01.03.2001

[238] http://www.worldlingo.com, Zugriff 12.01.2011

8.1.2 Lebensbedingungen im Lande

Die Entwicklung eines Eisenbahnsystems in einem Land ist stark verbunden mit der Entwicklung des Landes selbst. Das heißt Verbesserung der Lebensbedingungen erfolgt durch politische, wirtschaftliche und soziale Aktivitäten vom Staat selbst oder durch Hilfe anderer Staaten, internationaler und privater Organisationen. Mit dieser Verbesserung sollen Veränderungen angestrebt werden, die sich wechselseitig beeinflussen: **gute Lebensbedingungen sind Voraussetzungen für ein funktionierendes Bahnsystem und gleichzeitig führt ein entwickeltes Bahnsystems eine wirtschaftliche Verbesserung und in Folge zur besseren Lebensbedingungen.** Eine verbesserte Verkehrsinfrastruktur ist eine notwendige Voraussetzung für eine erhöhte wirtschaftliche Produktivität in EL. Die kompetente Gestaltung des Wettbewerbs zwischen verschiedenen Verkehrsträger vor dem Hintergrund einer stärkeren Verantwortung der Aufgabenträger im Interesse eines stabilen, attraktiven und kostengünstigen Verkehrsangebots ist ein wertvolles Ziel. Für die Entscheidung des Reisenden sind der praktische Nutzen und der günstige Preis interessanter als die technischen Parameter. Vor allem ist eine aktive Unterstützung durch die Politik erforderlich.

Die Präsidentin der Deutschen Welthungerhilfe, Bärbel Dieckmann, berichtet im Jahr 2010: weltweit hungern immer noch 925 Millionen Menschen in 29 Ländern. Aufgrund der weltweiten Rezession hat sich die Lage noch einmal verschärft. Besonders dramatisch: 2,2 Millionen Kinder sterben jährlich durch Mangel- und Unternährung. Die Länder mit den schlechtesten Werten liegen überwiegend in Afrika. Die Demokratische Republik Kongo führt die Negativliste an, gefolgt von Burundi, Eritrea und dem Tschad[239] (Abb. 47). In diesen Ländern sind die Investitionen in ländliche Entwicklung, Ernährungssicherheit und Bildung von dringender Bedeutung. In vielen EL mit großem Bevölkerungswachstum sind die vorrangigen Herausforderungen die Bekämpfung der Armut und die Verbesserung der allgemeinen Lebensbedingungen.

Weltweit leben etwa zwei Milliarden Menschen ohne Zugang zu einem Stromnetz. Die Folgen: Flucht in die überforderten Ballungsgebiete oder gleich in die wirtschaftlich reichen Regionen der Welt – verbunden mit allen individuellen und politischen Risi-

---

[239] Siegfried Scheithauer, von http://www.dw-world.de, Zugriff 12.10.2010

Katalog der Kriterien und Maßnahmen für die Realisierung der Schienenbahnen in EL

ken[240]. In solchen Situationen haben große und langfristige Projekte nicht die Priorität. Es muss auf die dringenderen Problemen der EL geachtet werden, d.h. auf Sicherung der Ernährungsbasis und Armutsbekämpfung, dann, und im besten Fall parallel dazu, kann über die Verbesserung der Verkehrslage insgesamt und den Schienenverkehr insbesondere und für die Förderung des ländlichen Raumes und urbaner Zentren diskutiert werden.

Es macht keinen Sinn, über große Projekte und Investitionen in Ländern mit Hungerung und größere Sterblichkeitsrate zu reden.

Eine Hauptaufgabe der Weltbank ist Armut in der Welt zu bekämpfen und die Lebensbedingungen der Menschen in den EL zu verbessern. So trägt sie zum Erreichen der internationalen Entwicklungsziele bei[241]. Die sozialen, ökologischen und ökonomischen Probleme der EL zu lösen, ist eine Herausforderung, die nicht alleine auf Regierungsebene bewältigt werden kann. Erforderlich ist eine intensive Zusammenarbeit aller gesellschaftlichen Kräfte: Regierungen, Zivilgesellschaft und Wirtschaft müssen gemeinsam Verantwortung übernehmen und handeln. Die reichen Länder sollen durch gezielte Entwicklungszusammenarbeit bei der Armutsbekämpfung helfen.

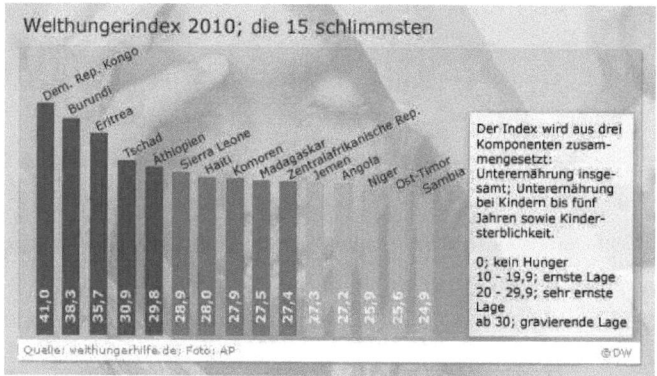

Abbildung 47: Welthungerindex 2010
Quelle: http://www.dw-world.de, Zugriff 12.10.2010

---

[240] http://www.dw-world.de, Zugriff 10.08.2008

[241] http://www.bmz.de/de/was_wir_machen/wege/multilaterale_ez/akteure/weltbank/index.html, Zugriff 18.10.2010

8.1.3 Umweltsituation im Land

Im Kapitel 5.4.1 wurden die ökologischen Aspekte bezüglich Treibhausgasen, Lärm, Schadstoffen, Energieverbrauch und Flächenverbrauch und ihre große Wirkung auf den Klimawandel und als Folge die Bedrohung der Menschheit ausführlich diskutiert. Unter Berücksichtigung der großen Rolle des Verkehrs als einer der Hauptproduzenten klimaschädigender Treibhausgase, den ökonomischen Einfluss auf die Wirtschaft und die Gesundheit und die deutlichen Vorteile der Bahn in diesem Bereich, ist die ökologische Situation im Land ein wichtiges Kriterium für die Realisierung eines Bahnsystems in einem Land. Wenn die zulässigen ökologischen Werte an den Grenzen oder überschritten sind, muss die Verkehrspolitik dringend auf den Verkehr achten und auf die umweltfreundlichen Verkehrsträger, also die Schiene, achten.

8.1.4 Ressourcen des Landes

Einer der wichtigsten Faktoren für die Entwicklung des Landes im Allgemeinen und die Eisenbahn insbesondere ist die Verfügbarkeit der natürlichen Ressourcen. Einerseits benötigt der Transport dieser Ressourcen innerhalb oder/und außerhalb des Landes eine gute Verbindung, welche meistens die Schiene erfüllt. Andererseits sind die Erlöse der Exporte von Rohstoffen vom Standpunkt der ökonomischen und politischen Entwicklung sehr wichtige Finanzierungsquellen für die Verbesserung der Lebensbedingungen des Landes und die Durchführung strategischer Projekte wie Eisenbahn-Projekte. **Die Schiene braucht Ressourcen und die Ressourcen brauchen die Schiene.**

Die Ungleichverteilung in und zwischen den EL kann aber nationale und als Folge davon internationale Konflikte ergeben, was in der Folge das wirtschaftliche Wachstum reduziert. Deshalb ist die politische Stabilität wieder eine Notwendigkeit.

Die EL mit großem Vorkommen von Erdöl, Erdgas und einigen anderen Rohstoffen oder landwirtschaftlichen Produktionen wie Baumwolle, Getreide usw. haben bessere Möglichkeiten, sich zu entwickeln und eine gute Infrastruktur aufzubauen. Beispiele dafür sind die Golfstaaten.

Der Tourismus ist auch eine der wichtigsten Ressourcen in vielen EL, darunter Syrien und ein wichtiger Faktor für die Wirtschaft einerseits und für das Verkehrsaufkommen andererseits. Ein erfolgreicher und attraktiver Tourismus braucht unbedingt gute Ver-

Katalog der Kriterien und Maßnahmen für die Realisierung der Schienenbahnen in EL

kehrsverbindungen. Das bedeutet: nur eine nachhaltige und integrierte Verkehrslösung kann diese Kette realisieren.

8.1.5 Die geografische Lage des Landes

Die geografische Lage des Landes spielt eine wichtige lokale und regionale Rolle für den Bau oder die Erweiterung des Schienenbahnnetzes (siehe 5.4.5). In einem Entfernungsbereich bis 400 km zwischen den Ballungszentren, wo Durchschnittsgeschwindigkeiten ab 100 km/h auf der Schiene realisierbar sind, hat die Eisenbahn eine große Chance. Wo es keine Siedlungsgebiete zwischen den wichtigsten Ballungszentren gibt, d.h. wenige Zwischenhalte erforderlich sind, ist ein Direktverkehr sinnvoll und unter anderem ist eine HGV-Strecke denkbar.

Als negatives Beispiel dazu kann Afghanistan dargestellt werden. Zusätzlich zur besonderen politischen und sicherheitlichen Situation, hat dieses Land eine sehr schwierige geografische Lage. Afghanistan ist ein Hochgebirgsland: Knapp die Hälfte der Landesfläche liegt zwischen 600 m und 1.800 m über dem Meeresspiegel, ein Drittel zwischen 1.800 m und 3 000 m und rund ein Zehntel über 3.000 m[242].

In einem Land wie Afghanistan mit besonderer schwieriger topografischen Lage und politischen Unstabilität, hat die Schiene keine Chance.

8.2 Rechnerische Angaben

Wenn die oben erwähnten grundsätzlichen Indikatoren und Rahmenbedingungen verfügbar im Land sind, müssen Kennzahlen studiert werden wie BIP je Land und Einwohner, Einwohnerzahl, demografische Strukturierung und Verdichtungsgrad, Pkw-Verfügbarkeit und Besetzung und Motorisierungsgrad. Manche diesen Angaben gelten als Empfehlungskriterien für die Realisierung der Eisenbahn wie z.B. die Entfernungen zwischen den Ballungszentren in einem Land, Anteil des Inlandflugverkehrs und der Aufwand für den Individualverkehr. Konkrete Angaben müssen aber **nach Projekt oder Strecke in Details studiert werden**. Einwohnerzahl und Bevölkerungsdichte sind

---

[242] http://www.laender-lexikon.de/Afghanistan, Zugriff 22.12.2010

allenfalls wichtige und entscheidende Indikatoren für die Bahn aber sie können nicht nach Land gerechnet werden. In vielen Ländern sieht die Bevölkerungsdichte gering aus (siehe Tabelle 1) und unausreichend für das Schienenverkehrsaufkommen aber tatsächlich befinden sich die Bevölkerungskonzentrationen auf bestimmten Gebieten gegenüber einem großen unbewohnbaren Anteil der Landesfläche, wie in Ländern, die große Wüsten-Gebiete haben. Ebenso mit dem BIP, dem Pro-Kopf-Einkommen und dem Motorisierungsgrad. Da die Eisenbahnprojekte strategische Projekte für ein Land sind, sind **die strategischen Rahmenbedingungen, die oben geklärt wurden, die entscheidenden Indikatoren für diese Projekte.** Wenn sie verfügbar sind, werden die rechnerischen Angaben nach Projekte und Strecken in SPNV, SPFV und SGV in Details studiert. Diese Kriterien und Angaben wurden in der Abbildung 48 in einer Schemaform dargestellt.

Katalog der Kriterien und Maßnahmen für die Realisierung der Schienenbahnen in EL

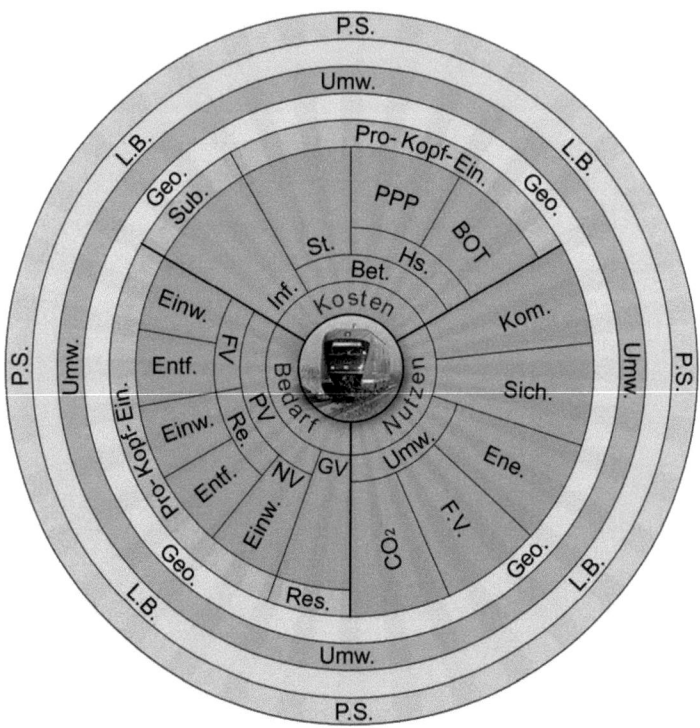

Abbildung 48: Katalog der Kriterien für Realisierung der Schienenbahnen in EL

Eigene Darstellung

P.S.	Politische Stabilität	Inf.	Infrastruktur
L.B.	Lebensbedingungen	Bet.	Betrieb
Umw.	Umweltsituation	FV	Fernverkehr
Geo.	geografische Lage	Re.	Regionalverkehr
Res.	Ressourcen	NV	Nahverkehr
Einw.	Einwohnerzahl	F.V.	Flächenverbrauch
Entf.	Entfernung	Ene.	Energieverbrauch
Sub.	Subvention vom Saat	Sich.	Sicherheit
St.	staatlich	Kom.	Komfort
Hs.	Halbstaatlich		

8.3 Umsetzungsmöglichkeiten -und Maßnahmen

Um Eisenbahnprojekte in EL umsetzen zu können, müssen verschiedene Aufgaben vom Staat erfüllt werden:

8.3.1 Wirtschaftliche und politische Aufgaben
- Änderungen der Wirtschaftsstrukturen und Finanzierungsmöglichkeiten durch neue Investionssysteme wie PPP. Ein funktionierendes Wirtschaftssystem (Hilfe zur Selbsthilfe) zur Verringerung der Armut und Bekämpfung von Korruption müssen aufgebaut werden. So können die Gelder und Kapitalanlagen in der einheimischen Entwicklung investiert werden,
- Förderung und Unterstutzung des privaten Sektors sowie der lokalen, regionalen und ausländischen Investitionen im Verkehrssektor besonders in Infrastrukturprojekte und Betrieb mit einem komparativen Vorteil und Erfindung neuer Konkurrenzmöglichkeiten unter verschiedenen Investoren und Verkehrsgesellschaften, damit der Haushalt des Staates entlastet werden kann,
- Schaffung einer guten Investitionsatmosphäre durch Überprüfung und Entwicklung des Rechts-, Ausschreibungs- und Steuersystems,
- unterstützen des Grundsatzes der Trennung von Eigentum und Management,
- Wenn keine Gewinnmöglichkeiten mit den normalen Tarifen bei den ÖPNV besteht, kann mit Gewerbegenehmigung sowie Zuschüsse vom Staat oder zinslosen Krediten in diesem Bereich privat investiert werden,
- Steigerung der Umlaufproduktivität, also Verbesserung von Leistung und Umsatz der eingesetzten Ressourcen,
- Kooperation zur Bildung regionaler Netze unter benachbarten Ländern,
- Vertiefung der Zusammenarbeiten zwischen EL und der hoch entwickelten Ländern sowie Steigerung der Wirksamkeit der entwicklungspolitischen Zusammenarbeit,
- Aktivierung der Rolle der Institutionen im Verkehrssektor aufgrund der Regeln der Rentabilität und der Marktwirtschaft und Erschaffen einer Atmosphäre der Wettbewerbsfähigkeit, für Verbesserung der Qualität der Dienstleistungen,
- Projektion der politischen Strenge auf die Studien und die Ausführung der Projekte und auf die Einhaltung der Regeln,

Katalog der Kriterien und Maßnahmen für die Realisierung der Schienenbahnen in EL

- Aktualisierung der Eisenbahnvorschriften ggf. Übernahme der Vorschriften von den Ländern, die große Erfahrung davon haben.

8.3.2 Planung-, Betrieb-, Management- und Marketingaufgaben

- Verkehrinfrastruktur muss besonders in Metropolen in schneller Rückkupplung und Bewertung bei Vorhersage _ Planung _ Realität, geplant und realisiert werden. Der Staat kann die Rolle des Organisators und des Beobachters für diese Projekte spielen. Aufmerksamkeit auf Verbesserung der Schienenanbindungen zwischen Städte und Vorstädte,
- die Daten und die Verkehrsstatistiken zusammen vorzulegen,
- Ermöglichung einer echten Verkehrsmittelwahl mit guten Verkehrsverknüpfungen durch Vernetzung der Verkehrssysteme, um den Druck auf dem Straßenverkehr und den davon entstehenden Stress zu verringern,
- Berücksichtigung der Bevölkerungszunahme und der demografischen Entwicklung in der Verkehrsplanung und Streben nach Dezentralisierung,
- Orientierung der wirtschaftlichen Entwicklung nach Verringerung des Individualverkehrs durch Erhöhung der Nutzung des ÖPNV,
- Verringerung des staatlichen Fuhrparks. Diese Autos sollten nur für den Dienst und nicht für private Zwecke genutzt werden dürfen,
- Aktivieren und Entwickeln von Methoden zur Förderung des Marketings national und international,
- Bevollmächtigung der Eisenbahnbetreiber für den Einsatz attraktiver Angebote für die Bahnreisenden wie Bahn-Card, Abonnement, Gruppenticket, Nachtzüge, passende Tarifstrukturen- und Systeme, Organisation besonderer Fahrten für Studenten und Jugendgruppenreisen und die Reise absichern, Ersatzkosten bei Verspätungen, Ausfall, Anschlussversäumnis o.ä durch Rückgabe von einem Teil der Kosten, Übernachtungen, Ermäßigungen oder genug gültige Gutscheine bei den nächsten Reisen. Das bringt der Eisenbahn mehr Verantwortung und Herausforderungen zur Optimierung ihrer Funktion und mehr Vertrauen der Fahrgäste. Für geeignete Zahlungsbereitschaft können verschiedene Klassen für verschiedene Bevölkerungsschichten, normale Verbindung mit vielen Haltepunkten und schnelle Nonstop-Verbindungen gesetzt werden,

- für mehr Attraktivität und Wettbewerbfähigkeit müssen die Sicherheit und die Pünktlichkeit immer das Ziel der Eisenbahn sein, ebenso die Sauberkeit und effiziente Beratung und Informationen,
- für bessere Verkehrsverknüpfung, besseres Beförderungssystem, bessere Kostenverteilung und Erhöhung der Systemgeschwindigkeit von Haus zu Haus / Rampe zu Rampe und Optimierung der Verfügbarkeit möglichst rund um die Uhr, können die Eisenbahngesellschaften auch Busse und andere Verkehrsmittel betreiben,
- die alten Strecken können zu passenden Sonderaufgaben benutzt werden; z.B. Al Hedschasbahn innerhalb Syrien und zwischen Syrien und Jordanien kann als historische Touristen-Strecke ausgebaut werden.

8.3.3 Wissenschaftliche und technische Aufgaben

- Verbesserung der Schienensystemlehre an den Universitäten und Fortbewegung von der Theorie auf die Anwendung und Untersuchung der großen Unterschiede zwischen Soll und Ist-Zustand durch die Benutzung der Erfahrungen in anderen Ländern bzw. Verwirklichung effizienter, theoretischer und praktischer Ausbildungsprogramme für die Mitarbeiter in der Verkehrstätigkeiten. Die Verkehrssicherheit muss ein wichtiger Schwerpunkt in diesem Prozess sein,
- öffentliche Aufklärungen und Schienenverkehrsausbildung,
- Aus- und Weiterbildung von Fachkräften für die Einführung international anerkannter Standards und bei der Unterstützung der relevanten nationalen und regionalen Institutionen,
- Verwirklichung ausreichender technischer Sicherung, damit die Kunden ihr Vertrauen der Bahn nicht entziehen,
- die Eisenbahninfrastruktur -und Fahrzeuge müssen kontinuierlich geprüft, unterstützt, verbessert und modernisiert werden,
- Verschrottung der alten abgestellten Fahrzeuge, die außer Dienst sind, um die Stellflächen effizienter nutzen zu können und gründliche Reparaturen für die effizient fahrbaren Fahrzeuge. Historische Stücke können in spezielle Museen eingebracht werden,
- Erhöhung der Beförderungskapazitäten, um die Nachfrage zu decken,

- Um diesen Plan realisieren zu können, müssen die vorhandenen Strecken nach Prioritäten instand gehalten und ggf. umgebaut werden. Die Strecken zwischen Syrien und den Nachbarländer müssen auch weitergebaut werden,
- Verringerung der großen Lücke zwischen den Hochschulen und der Gesellschaften, damit die fachlichen Studien nicht immer in den Schubläden bleiben.

Als Leitfunktionsbild müssen die El sehr vorsichtig sein, da es nicht immer sinnvoll oder geeignet ist, die Situation in Industrieländern als Vorbild zu übertragen oder kopieren zu versuchen. Die Hauptgründe dazu sind die Finanzierbarkeit, Mentalität und Verhalten der Leute. Was z.b. erfolgreich in Deutschland ist, kann nicht unbedingt erfolgreich in Syrien oder anderen EL sein. Es ist sinnvoll, die deutsche Technologien und Kenntnissen kennen zu lernen aber es ist unrealistisch zu versuchen, diese Technologien und Kenntnisse in die El eins zu eins zu übertragen und umzusetzen. Interessanter und sinnvoller ist es, sich auf die Zusammenarbeiten und Wechselwirkungen zu konzentrieren, welche nicht immer einseitig bleiben soll.

Unternehmerverbände, Handwerkskammern und andere Berufsverbände können in den EL einen großen Beitrag zur Verbesserung des wirtschaftlichen Klimas leisten. Veränderung der weltwirtschaftlichen Rahmenbedingungen mit dem Ziel, die systematische Benachteiligung der EL zu überwinden und ihre Chancengleichheit auf dem Weltmarkt herzustellen muss berücksichtigt werden.

Die EL benötigen Hilfe von der Weltbank und den entwickelten Ländern bei Vermeidung von Konfliktsituationen und Bürgerkriegen, Bekämpfung gegen Armut und Korruption, Bekämpfung der Luftverschmutzung und Verhinderung des Verlustes von Umweltressourcen, Beseitigung des Verkehrschaos, Verbesserung der Schul- und Lehrsysteme und Umsetzung nationaler Strategien zur nachhaltigen Entwicklung.

Werden Reformen im institutionellen Bereich jedoch vernachlässigt, zeigen Hilfsleistungen meist nur wenig Effekt. Die Weltbank formuliert dazu: Die Unterstützung institutioneller Entwicklungen verlangt einen Staat mit ausgebauten Verwaltungsstrukturen und Behörden, die auf die Marktbedürfnisse reagieren. Die politischen Schwächen der EL manifestieren sich jedoch oft in der Leistung ihrer Bürokratien[243]. Zu funktionsfähigen Institutionen gehört eine Vertrauensbasis zwischen der Bevölkerung und staatlichen

---

[243] H. Wagner: Wachstum und Entwicklung, 1997, S. 229

Organisationen sowie Vertrauen innerhalb der Bevölkerung selbst durch unterschiedliche Mechanismen, koordinierende Netzwerke, Aufbau einer gut funktionierenden Verwaltung, effiziente Aufsichts- und Regulierungsbehörden für den Wettbewerbsbereich und Stärkung der Zivilgesellschaft, sodass die staatlichen Monopole im Privatisierungsvorgang nicht durch private Monopole ersetzt werden.

8.4 Ergebnisse und Diskussion

Alle Entwicklungsländer sind bestrebt mit einem schnellen Aufbau und einer kontinuierlichen Wirtschaftsstärkung, die Rückständigkeit aller Gebiete des Lebens zu überwinden. Ein einheitliches Programm oder ein allgemeingültiges Rezept für alle Länder kann jedoch nicht gegeben werden. Die spezifischen ökonomischen, politischen und sonstigen Bedingungen müssen für jedes einzelne Land untersucht und berücksichtigt werden.

Der Mobilitätsbedarf nimmt weltweit insbesondere in den Entwicklungsländern stark zu. Durch eine angemessene Verkehrsstrategie muss eine nachhaltige Verkehrsplanung berücksichtigt werden. Ein vernünftiges Verkehrssystem kann realisierbar sein nur unter Berücksichtigung des komplizierten Zusammenhangs und Wechselbeziehungen von wirtschaftlichen, gesellschaftlichen, technischen, organisatorischen und politischen Aspekten. Diese Verkehrsplanung muss ökologisch nachhaltig, sozial gerecht, ökonomisch effizient, politisch regulierend sein.

Die Kapazitäten der Verkehrssysteme nach dem Verkehrsbedarf können unter Erfüllung der oben genannten Bedingungen mit einem öffentlichen Angebot und der Integration des Gesamt-Verkehrs-System-Managements bzw. Einführung von Verkehrsverbünden zur Verbesserung der Mobilitätsbedingungen darunter des NMV ausgerichtet werden. Das Fahrrad kann eine erhöhte Mobilität für den Benutzer und eine umweltschonende Fortbewegungsweise bzw. ein Teil der Kombination zwischen den Verkehrsarten darstellen, wie in viele asiatischen Ländern.

Viele Verkehrsprobleme- und Lösungsansätze übergreifen ineinander. Deshalb sollen die Verkehrsprobleme immer aus integrierter Sicht und Planungsansätze betrachtet werden, die den Zugang zu Märkten, Gütern und Dienstleistungen einbeziehen unter multimodalen Verkehrsmittel mit Nutzung ihrer Vorteile und jeweiligen Fähigkeiten, verfolgt werden: Straßenverkehr mit dichtem Straßennetz für Kurzstrecken mit dem größten Vorteil des Tür-Tür-Transports und der hohen Anpassungsfähigkeit; Schienenverkehr für Mittelstrecken mit hoher Massenleistungsfähigkeit, Geschwindigkeit und Sicherheit; Flugverkehr für Langstrecken.

Für eine intelligente, umweltfreundliche und ressourcenschonende Verkehrslösung hat die Schiene ihre Position und wachsende nationale und internationale Bedeutung.

Um die Bahn erfolgreich zu sein, muss sie neue Marktpotentiale gewinnen durch neue Informationstechnologie, bessere Buchungsmöglichkeiten, gute Reiseinformationen vor und während der Reise mit wertbewerbfähigen Preise. Dafür ist auch eine moderne Betriebsleittechnik eine Notwendigkeit. Der Schienenverkehrprozess muss gesamt und komplett betrachtet werden d.h. Planung, Entwurf, Ausschreibung, Auftragsvergabe, Konstruktion, Baudurchführung, Kommunikationssystem und Betriebsaufnahme müssen zusammen gestaltet werden. Bei Neubaustrecken (NBS) ist auf möglichst kurze direkte Verbindung von Wirtschaftzentren, günstige Anbindung an vorhandene Knotenbahnhöfe unter besonderer Berücksichtigung des kombinierten Verkehrs und auf Förderung wirtschaftlicher Aktivitäten zu achten.

Innovationen, die die Konkurrenzfähigkeit der Schiene stärken können, sind eng verbunden mit der Finanzierbarkeit. Die Gesamtkosten einschließlich der Kosten für moderne und effiziente Instandhaltungsverfahren und Technologien sind über die ganze Lebensdauer des Projekts durch LCC-Analyse abzuschätzen. Investitionszuschüsse und Betriebskostensubventionen und Kredite zu günstigen Zinsen sind notwendig. Die Finanzierungsmöglichkeiten sollen mit effizienter Beteiligung der Privatinvestitionen in Eisenbahnprojekte vorgesehen werden.

Qualifizierung des Personals im Feld Schienenverkehr kann durch Schulungen, Seminare, Weiterbildungsgänge und Praktikum in den hoch entwickelten Ländern erfühlt werden.

Die Zollzeit zwischen den Nachbarländern sollte verkürzt werden. Es dauert manchmal an der Grenze länger als die Fahrtzeit selbst. Beispiel dazu ist die Strecke zwischen

Aleppo in Syrien und Gaziantab in der Türkei: Die Reisezeit war 7 Stunden, 3 Stunden davon waren Wartezeit an der Grenze[244].

Die Bahnen sollten sich auf die Bedürfnisse ihrer potenziellen Kunden einstellen: Die Priorität für die **Geschäftsreisende** ist die zuverlässige, pünktlichste und die schnellste Verbindung mit hoher Zahlungsbereitschaft, da die Arbeitsstunden für die Reisenden und die Arbeitgeber eine große Bedeutung haben. Für die Geschäftsreisenden sind die Zusatzdienstleistungen beispielsweise Internetanschluss im Zug, gastronomische Service, Buchungsservice, Verfügbarkeit von Mietwagen, Hotelreservierung, Gepäcktransport usw. entscheidende Kriterien für Wahl des Verkehrsträgers. Wenn ihre Wünsche nicht erfüllt werden, ist es ihnen leicht auf einen anderen Verkehrsträger zu wechseln. Wegen der fehlenden Inlandflugverbindung in den meisten EL kann die Schiene mit attraktiven Angeboten einen großen Anteil von Geschäftsreisenden gewinnen. Reisende aus **familiären und verwandtschaftlichen Gründen, u.a. mit Kindern** sind sehr beliebt in den EL. Diese Gruppen interessieren sich im Voraus für Gepäcktransport und die Preise. Ein passendes und attraktives Angebot von der Bahn für diese Gruppen kann konkurrenzfähig gegenüber dem Individualverkehr sein und spricht über Gewinn eines anderen Anteils der Reisenden. Für die **Berufs- /Ausbildungsreisende, Studenten und Soldaten** sind der Preis und die Verfügbarkeit ausschlaggebend. Der Pkw und das Flugzeug sollten keine Chance gegen die Bahn für diese Reisendenschicht haben.

Da das finanzielle Problem das größte Problem für Neu- oder Ausbau der Hauptstrecken in EL ist, besteht die Notwendigkeit Prioritäten zu setzen, also zunächst sich auf die wichtigsten Strecken mit hohem Verkehrsaufkommen und relevanten Verbindungen zu konzentrieren, sie in ein gutes Leistungsfähigkeitsniveau zu bringen.

Die Bahn kann zwar die Flexibilität des Pkws nie leisten aber nach der Ertüchtigung des Netzes und durch attraktive Zugangebote sowie eine sinnvolle Anbindung der Bahnhöfe kann die Schiene viele Pkw-Reisenden gewinnen.

Unter technischen, betrieblichen, organisatorischen, wirtschaftlichen und politischen Bedingungen kann die Schiene in EL ihre Chance finden und ihre Rolle spielen:
- Unter Berücksichtigung der Siedlungsstruktur und der hohen Bevölkerungswachstums-Rate in EL ist ein hohes Verkehrsaufkommen realisierbar. Mit Nutzung der

---

[244] http://www.syria-news.com/home.php; 22.01.10 um 10:00 Uhr

Bahnsystemvorteile von Sicherheit, Umweltfreundlichkeit, schnelle Transportmöglichkeiten von großen Massen von Passagiere und Güter durch attraktive Fahrzeiten, bessere Erreichbarkeit durch bessere Verknöpfung mit den anderen Verkehrsmitteln, Anbieten von Parkplätze an den Bahnhöfen, die Pünktlichkeit und passende Taktfolgen an die Verkehrsnachfrage besonders in der Hauptverkehrszeit kann dieses Aufkommen noch erhöht werden und die Schiene andere Kunden von Bussen und Individualverkehr gewinnen

- Viele EL haben derartige Relation vom optimalen Bereich für die Schiene von 200 bis 500 km Entfernungen zwischen gesiedelten Gebieten.

Im Rahmen der Globalisierung und, da die weltweiten wirtschaftlichen, politischen und ökologischen Probleme nur gemeinsam gelöst werden können, sollen die Industrieländer darauf achten und die Situation der El durch ein faires Weltwirtschaftsverhältnis, Hilfe bei der Entschuldung, einen gerechten Zugang zu den Märkten und effiziente Zusammenarbeit verbessern oder verbessern lassen. Entwicklungsländer müssen von ihrer Seite gleichzeitig ihre Interessen gemeinsam wahrnehmen und ihre eigene Probleme besonders die Korruption ernsthaft bekämpfen.

Für die breiten Bevölkerungsschichten in vielen EL, die sich aufgrund ihrer finanziellen Situation kein eigenes Kraftfahrzeug leisten können und zur Entlastung der verstopften Straßen sowie Reduzierung der externen Kosten des Verkehrs, ist der Zug die beste Lösung.

8.5 Zusammenfassung

Um die wichtigsten Kriterien, Indikatoren, Umsetzungs- Möglichkeiten und Maßnahmen der Realisierung von Schienenbahnen in Entwicklungsländern erreicht zu haben, wurde die Lebens-, Verkehrs- und Schienenverkehrslage in 39 ausgewählten EL verglichen mit Deutschland und ausführlich am Beispiel Syrien dargestellt, analysiert, die Hauptprobleme, unter denen diese Länder und ihre Bahn leiden, beleuchtet, die Voraussetzungen für die Verbesserung der Lage der EL und der Rolle der Schiene in diesen Ländern gezeigt.

Verkehr bedeutet Integration und Nachhaltigkeit. Um den Verkehrsprozess in den EL weiterzuentwickeln, müssen die wirtschaftlichen, sozialen und kulturellen Hinsichten parallel mit Verkehrsunfälle, die Schadstoff-, und CO_2-Imessionen, Lärmbelastung, Flächen- und Ressourcenverbrauch berücksichtigt werden. Ein starkes Verkehrsystem erfordert die Bildung intermodaler Transportketten mit einem großen Vernetzungsgrad und Abstimmung zwischen verschiedenen staatlichen und privaten Akteuren. Wichtige Zeichen und Parameter dafür sind: Verkehrswachstum sowohl im Güter-, oder Personenverkehr, Siedlungsstruktur, wirtschaftliche und politische Lage. Eine integrierte Verkehrspolitik kann nicht von heute auf morgen umgesetzt werden, sondern sie legt auf Dauer an. Die Ziele, Entwicklungsperspektive, ein Masterplan und akzeptierte Kompromisse sollen konkretisieret werden.

Die Entwicklungsländer unterscheiden sich hinsichtlich Große, Einwohnerzahl, Ressourcenausstattung, Ausbildungsstand, geographischer Lage, Gesellschaftsstruktur, Wirtschaftsordnung u.v.m. Es gibt kein Patentrezept, welches auf alle Entwicklungsländer angewandt werden kann und gleichermaßen den Erfolg garantiert. Die gemeinsamen Merkmale werden berücksichtigt aber die einzelnen und aktuellen Situationen und Strategien ändern sich im Zeitverlauf und sie müssen angepasst werden.

Bei einer Planung von Eisenbahnprojekten müssen alle Hauptsäulen, wie Bau der Strecke, die Bahnsicherungssysteme, die Energieversorgung, das rollende Material, Depots und Werkstätten, Personal, Marketingmethoden, Kombination von Schiene/Straße einschließlich Lkw und das Management komplett und integriert studiert werden. Für eine langfristige Lösung müssen die Schüler und die Studenten mit einem vernünftigen Lehrsystem und durch Austauschprogramme richtig aus- und weitergebildet werden.

Katalog der Kriterien und Maßnahmen für die Realisierung der Schienenbahnen in EL

Das finanzielle Problem für Verbesserung der Infrastruktur insgesamt und besonders für die Eisenbahn ist ohne Zweifel ein der größten Probleme der El. Die Auslandshilfe allein ist nicht der Schlüssel dazu, da die finanziellen Mittel oft nicht zweckdienlich verwendet werden wegen Korruption. Um eine Lösung zu finden oder um die wirtschaftliche Entwicklung im Gang zu setzen, ist die **Aktivierung der Rolle der Institutionen im nationalen und internationalen Rahmen erforderlich**. Das Fehlen der Institutionen ist ein wichtiger Grund für Probleme der El und die Schwierigkeiten hinsichtlich der Nutzung der ländlichen Ressourcen und Umsetzbarkeit von Reformprogrammen. Schaffung eines investitionsfreundlichen und sicheren Klimas, und Aufbau einer vernünftigen Partnerschaft mit Ländern, die große Erfahrungen mit Eisenbahn und Interesse an die Entwicklung in den EL haben, sind die Schlüssel für den Entwicklungsprozess insgesamt und für Entwicklung der Eisenbahn insbesondere. Die Zusammenarbeit zwischen Gebern und Empfängern muss durch transparente Koordinationen und Kooperationen erledigt werden.

Die Korruption ist immer noch ein der größten Probleme der EL trotz der Kampfansagen von den Regierenden. Für eine erfolgreiche Entwicklungsstrategie ist die Korruption vorrangig zu beseitigen. **Für die Bekämpfung der Korruption müssen die Gesetze ihre Kraft haben**. Dies kann umgesetzt werden durch Einhaltung der internationalen Standards gegen Korruption und Teilnahme an internationale Antikorruptionsvereinbarung und Zusammenarbeiten mit der Vereinten Nationen, der Weltbank, OECD und anderen Partner- und Geberländern. Die Regierungen in EL müssen transparente und korruptionsfreie staatliche und private Institutionen unterstützen und eine wachsame Zivilgesellschaft verstärken. Eine Nichtregierungsorganisation mit verantwortungsbewussten und handlungsfähigen Kräften kann einen vernünftigen Mechanismus erfolgen unter dem Prinzip: **„Das Gegenteil von Korruption ist die Transparenz"** und unter der Aussage von Nelson Mandela: *"Vision without action is only dreaming, action without vision is only passing time, vision with action can change the world"*

Literaturverzeichnis

[1] Aberle, Gerd: Transportwirtschaft, 5. Auflage, 2009

[2] Bayer, Kurt: Entwicklungspolitik im 21. Jhdt, 2003

[3] Beckers, Thorsten; Brenck, Andreas; Peter, Jan; Sommer, Heini; Zimmermann, Tobias: Eignung von Public Privte Partnership zur Finanzierung von Bahn 2030, TU Berlin 2010

[4] Benger, Hermann J.: Die Bedeutung des ÖPNV in Metropolen von Entwicklungsländern, Universität Dortmund, FG Verkehrswesen und Verkehrsplanung

[5] Braun, Gerald: Nord-Süd-Konflikt und Entwicklungspolitik, 1987

[6] Breimeier, Rudolf: Grundsätze der Planung von Neubau- und Ausbaustrecken in Deutschland, 2006

[7] Bundesministerium für wirtschaftliche Zusammenarbeit und Entwicklung, Referat „Entwicklungspolitische Informations- und Bildungsarbeit"

[8] Daoud, Schafik: Entwicklung eines Verfahrens zur Infrastruktur- und Angebotsplanung im Schienenpersonenfernverkehr in Entwicklungsländern, Hannover Uni. 1992

[9] Daoud, Schafik: Entwicklungsaussichten des Verkehrs in Syrien bis 2025, Damaskus, United Nations Development Programme, 2006

[10] Dayoub, Mohammad: an analytical study of the situation of land transportation of people in Syria, Tishreen University Journal for Studies and Research, Syrien, Nr. 28, 2006

[11] Dayoub, Mohammad: Evaluating the administration of rail transport system in Syria, Tishreen University Journal for Studies and Research, Syrien, Nr. 29, 2007

[12] E.M. Choueiri: Railways in North Afrika: current status and new rail links envisaged, in Rail Engineering International Edition, 2010 Nr. 4

[13] Eckert, Gerd: Entwicklungen im westafrikanischen Eisenbahnsystem, Eisenbahningenieur, 02/2008

Literaturverzeichnis

[14] Fankhauser, Simone: Die Motivation der Entwicklungspolitik Eine kritische Analyse, eine Diplomarbeit an de Karl-Franzens-Universität Graz 2005

[15] General Company for Engineering & Consulting, Gründe für Metro Damas, 2008

[16] Hauswald, Tobias: Technisch-wirtschaftliche Bewertung von Bahnprojekten des Hochgeschwindigkeitsverkehrs, eine Doktorarbeit an der TU Berlin 2009

[17] Hecht, Markus: Straßenbahn als Zero-Emissions-Verkehrssystem, in TU INTERNATIONAL, Nr. 58, Juni 2006

[18] Hecht, Markus: Energieeffizienz und Treibhausgasemission des Verkehrs im Hinblick auf den Schienenverkehr, in TU International 67 / Januar 2011

[19] Kaltheier, Ralf M.: städtischer Personenverkehr und Armut in Entwicklungsländern, bei gtz, 2001

[20] Karraz, Khaldoun: Schienenverkehr in Syrien zwischen Wirklichkeit und Hoffnung, Damaskus 2010

[21] Kracke, R.: Eisenbahn-Betriebswissenschaft, Universität Hannover 1984

[22] Lenz, Barbara: Verkehrsprognosen und Verkehrswirkungen, Vortrag von der Alumni-Sommerschule, TU Berlin 2010

[23] Malik, Abdelaziz: overview of public transport in Meddle East and Nord Africa (MENA-Countries), UITP, 2007

[24] Mehne, Christoph: Entwicklungszusammenarbeit für eine angepasste Verkehrsentwicklung in Ostafrika; eine Doktorarbeit an der Universität Trier 2002

[25] Mnich, Peter: Vorlesung von Betriebssysteme elektrischer Bahnen, 020, 030, 040, Nov. 2006

[26] Nuscheler, Franz: Lern- und Arbeitsbuch Entwicklungspolitik; Bonn 1991

[27] Sabouni, Murhaf: Arab Railways, Past & Present, in Japan Railway & Transport Review, 1997

[28] Schach, Rainer; Jehle, Peter und Naumann, René: Transrapid und Rad-

Schiene-Hochgeschwindigkeitsbahn, Berlin/Heidelberg: Springer, 2006

[29] Schmidt, J.L.: die Entwicklungsländer, 1974

[30] Schütte, Jörg: Lebenszykluskosten für öffentliche Verkehrssysteme

[31] Siegmann, Jürgen: Bewertung von Verkehrssystemen, Modul P50

[32] Siegmann, Jürgen: Grundlagen der Verkehrsplanung, Modul P30

[33] Siegmann, Jürgen: Grundlagen des Schienenverkehrs, TU Berlin SS 2009

[34] Siegmann, Jürgen: Wege zu einer anforderungsgerechten und wirtschaftlichen Güterbahn, Hannover 1997

[35] Siegmann, Jürgen: Prozessoptimierung und Ressourcenschonung im Bahnbetrieb, ein Vortrag von der Alumni-Sommerschule, TU Berlin 2010

[36] Straube, Frank: Sustainable Logistics – Callenges and Best Practices, ein Vortrag von der Alumni-Sommerschule, TU Berlin 2010

[37] Thopmson, Louis S.: Forum Paper 2010-04, OECD/ITF 2010

[39] Wagner, Helmut: Wachstum und Entwicklung, 1993

[40] Weiter, M.: Zur Qualitätssteigerung der Zusammenarbeit mit der Arabischen Welt

[41] Zaher, Bassam: Improving the quality of internal transport services from a total quality management perspective, Tishreen University Journal for Studies and Research, Syrien, Nr. 28, 2006

[42] Zarour, Jandab: Fehlervermeidungsstrategien bei der Schweißtechnologie von Schienen am Beispiel der syrischen Strecke Dair Al Zour – Abu Kamal, ETR 01+02/2009

[43] Zarour, Jandab: Historie der Eisenbahn in Syrien, Damaskus Universität 2006

[44] Zarour, Jandab: Transportprobleme in Damaskus und Lösungsansätze für eine nachhaltige Verkehrsplanung, ein Vortrag von der Alumni-Sommerschule, TU Berlin 2010

Literaturverzeichnis

- **Zeitschriften**

[45] Allianz pro Schiene, Deutschland

[46] Bahn und Umwelt, Deutschland

[47] das Technik-Magazin der Deutschen Bahn AG, bahntech, Deutschland

[48] Der Eisenbahningenieur EI, Deutschland

[49] European Rail Technology Review RTR, Deutschland

[50] Internationale Transport Zeitschrift ITZ, Deutschland

[51] Internationales Verkehrswesen, Deutschland

[52] Rail Engineering International Edition 2010 Nr. 4

[53] Tishreen University Journal for Studies and Research, Syrien

[54] Transport Magazine, Syrien

[55] TU international, Zeitschrift für internationale Absolventen der TU Berlin, Deutschland

[56] VCD Bahntest 2009: Die Möbilitätsbedürfnisse von Fahrgästen und potenziellen Fahrgästen der Bahn

[57] Zeitschrift der Ba'ath Universität, Syrien

- **Internetseiten**

[58] http://jwr.janes.com Jane's world railways

[59] http://web.worldbank.org World Bank

[60] http://www.allianz-pro-schiene.de

[61] http://www.bbc.co.uk BBC

[62] http://www.bmvbs.de Bundesministerium für Verkehr, Bau- und Wohnungswesen

[63] http://www.bmz.de Bundesministerium für wirtschaftliche Zusammenarbeit und Entwicklung BMZ

[64] http://www.cbssyr.org Syrian Central Bureau of Statistics

Literaturverzeichnis

[65] http://www.cfssyria.org/CFS/, syrische Eisenbahngesellschaft

[66] http://www.deutschebahn.com

[67] http://www.dw-world.de Deutsche Welle

[68] http://www.eib.org/projects/regions/med/index.htm, Europäsche Investitionsbank

[69] http://www.eurailpress.com

[70] http://www.hijazerail.com, Al Hedschasbahn

[71] http://www.laender-lexikon.de Länderlexikon

[72] http://www.mot.gov.eg Transportministerium in Ägypten

[73] http://www.mot.gov.jo Transportministerium in Jordan

[74] http://www.mot.gov.sy Transportministerium in Syrien

[75] http://www.oecd.org Die Organisation für europäische wirtschaftliche Zusammenarbeit OECD

[76] http://www.railjournal.com International Railway Journal

[77] http://www.railwayinsider.eu

[78] http://www.sana.sy Syrian Arab News Agency SANA

[79] http://www.scinexx.de Das Magazinwissen

[80] http://www.syrische-eisenbahn.de

[81] http://www.worldlingo.com

[82] International Monetary Fund, World Economic Outlook Database, April 2008

[83] www.dvz.de Informationen aus Logistik und Transport DVZ

[84] www.spiegel.de Der Spiegel

[85] http://www.zawya.com/projects/project.cfm

Anhänge

1. Einteilung der Länder nach Volkswirtschaft und Einkommen

Die Länder wurden nach Volkswirtschaft und Einkommen in vier Stufen eingeteilt[245]:

- **Gruppe 1: Low-income economies**

1	Afghanistan	16	Guinea-Bissau	31	Rwanda
2	Bangladesh	17	Haiti	32	Senegal
3	Benin	18	Kenia	33	Sierra Leone
4	Burkina Faso	19	Korea, Dem Rep.	34	Somalia
5	Burundi	20	Kyrgyz Republic	35	Tajikistan
6	Cambodia	21	Lao PDR	36	Tanzania
7	Central African Republic	22	Liberia	37	Togo
8	Chad	23	Madagascar	38	Uganda
9	Comoros	24	Malawi	39	Uzbekistan
10	Congo, Dem. Rep	25	Mali	40	Vietnam
11	Eritrea	26	Mauritania	41	Yemen, Rep.
12	Ethiopia	27	Mozambique	42	Zambia
13	Gambia, The	28	Myanmar	43	Zimbabwe
14	Ghana	29	Nepal		
15	Guinea	30	Niger		

---

[245] http://web.worldbank.org/website/external/datastatistics

- **Gruppe 2: Lower-middle-income economies**

1	Albania	20	Honduras	39	Paraguay
2	Angola	21	India	40	Philippines
3	Armenia	22	Indonesia	41	Samoa
4	Azerbaijan	23	Iran, Islamic Rep.	42	São Tomé and Principe
5	Belize	24	Iraq	43	Solomon Islands
6	Bhutan	25	Jordan	44	Sri Lanka
7	Bolivia	26	Kiribati	45	Sudan
8	Cameroon	27	Kosovo	46	Swaziland
9	Cape Verde	28	Lesotho	47	Syria
10	China	29	Maldives	48	Thailand
11	Congo, Rep.	30	Marshall Islands	49	Timor-Leste
12	Côte d'Ivoire	31	Micronesia, Fed. Sts.	50	Tonga
13	Djibouti	32	Moldova	51	Tunisia
14	Ecuador	33	Mongolia	52	Turkmenistan
15	Egypt, Arab Rep.	34	Morocco	53	Ukraine
16	El Salvador	35	Nicaragua	54	Vanuatu
17	Georgia	36	Nigeria	55	West Bank and Gaza
18	Guatemala	37	Pakistan		
19	Guyana	38	Papua New Guinea		

Anhänge

- **Gruppe 3: Upper-middle-income economies**

1	Algeria	17	Grenada	33	Peru
2	American Samoa	18	Jamaica	34	Poland
3	Argentina	19	Kazakhstan	35	Romania
4	Belarus	20	Latvia	36	Russian Federation
5	Bosnia and Herzegovina	21	Lebanon	37	Serbia
6	Botswana	22	Libya	38	Seychelles
7	Brazil	23	Lithuania	39	South Africa
8	Bulgaria	24	Macedonia, FYR	40	St. Kitts and Nevis
9	Chile	25	Malaysia	41	St. Lucia
10	Colombia	26	Mauritius	42	St. Vincent and the Grenadines
11	Costa Rica	27	Mayotte	43	Suriname
12	Cuba	28	Mexico	44	Turkey
13	Dominica	29	Montenegro	45	Uruguay
14	Dominican Republic	30	Namibia	46	Venezuela, RB
15	Fiji	31	Palau		
16	Gabon	32	Panama		

Anhang 1: Einteilung der Länder nach Volkswirtschaft und Einkommen

Quelle: http://web.worldbank.org/website/external/datastatistics, Zugriff 05.02.2008, Eigenbearbeitung

Anhänge

- **Gruppe 4: High-income economies**

1	Andorra	23	France	45	Netherlands Antilles
2	Antigua and Barbuda	24	French Polynesia	46	New Caledonia
3	Aruba	25	Germany	47	New Zealand
4	Australia	26	Greece	48	Northern Mariana Islands
5	Austria	27	Greenland	49	Norway
6	Bahamas, The	28	Guam	50	Oman
7	Bahrain	29	Hong Kong, China	51	Portugal
8	Barbados	30	Hungary	52	Puerto Rico
9	Belgium	31	Iceland	53	Qatar
10	Bermuda	32	Ireland	54	San Marino
11	Brunei Darussalam	33	Isle of Man	55	Saudi Arabia
12	Canada	34	Israel	56	Singapore
13	Cayman Islands	35	Italy	57	Slovak Republic
14	Channel Islands	36	Japan	58	Slovenia
15	Croatia	37	Korea, Rep.	59	Spain
16	Cyprus	38	Kuwait	60	Sweden
17	Czech Republic	39	Liechtenstein	61	Switzerland
18	Denmark	40	Luxembourg	62	Trinidad and Tobago
19	Estonia	41	Macao, China	63	United Arab Emirates
20	Equatorial Guinea	42	Malta	64	United Kingdom
21	Faeroe Islands	43	Monaco	65	United States
22	Finland	44	Netherlands	66	Virgin Islands (U.S.)

Anhänge

2. OECD-Mitglieder

1	Australien	17	Neuseeland
2	Belgien	18	Niederlande
3	Chile	19	Norwegen
4	Dänemark	20	Österreich
5	Deutschland	21	Polen
6	Finnland	22	Portugal
7	Frankreich	23	Schweden
8	Griechenland	24	Schweiz
9	Irland	25	Slowakische Republik
10	Island	26	Spanien
11	Italien	27	Tschechische Republik
12	Japan	28	Türkei
13	Kanada	29	Ungarn
14	Korea	30	Vereintes Königreich
15	Luxemburg	31	Vereinigte Staaten
16	Mexiko		

Anhang 2: OECD-Mitglieder

Quelle: http://www.oecd.org/document, Zugriff 05.07.2010, Eigenbearbeitung

Anhänge

3. die zwanzig wichtigsten Industrie- und Schwellenländer (G20)

Land	Bevölkerung in Millionen	Bevölkerung in Prozent	BIP (Mrd. US $)	BIP (Prozent)
Die Welt	6700,0	100,0	54620,0	100,0
USA	304,0	4,5	13840,0	25,3
Japan	127,2	1,9	4384,0	8,0
Deutschland	82,4	1,3	3322,0	6,1
China	1330,0	19,9	3251,0	6,0
England	61,0	0,9	2773,0	5,1
Frankreich	64,0	1,0	2560,0	4,7
Italien	58,1	0,9	2105,0	3,9
Kanada	33,2	0,5	1432,0	2,6
Brasilien	196,4	2,9	1314,0	2,4
Russland	140,7	2,1	1290,0	2,4
Indien	1148,0	17,1	1099,0	2,0
Südkorea	48,4	0,7	957,0	1,8
Australien	21,0	0,3	908,0	1,7
Mexiko	110,0	1,6	893,4	1,6
Türkei	71,9	1,1	729,4	1,2
Indonesien	237,5	3,5	432,9	0,8
Saudi-Arabien	28,1	0,4	376,0	0,7
Südafrika	48,8	0,7	282,6	0,5
Argentinien	40,5	0,6	260,0	0,5
EU	500,0	7,4	16830,1	31,0

Anhang 3: die zwanzig wichtigsten Industrie- und Schwellenländer (G20)

Quelle: http://www.spiegel.de/Gruppe_der_zwanzig_wichtigsten_Industrie-und_Schwellenländer, Zugriff: 10.11.2010, Bevölkerung und Bruttoinlandprodukt Stand 2008, Eigenbearbeitung

Anhänge

4. Fahrplan der Züge bei der syrischen Eisenbahngesellschaft, Stand 2010

- Aleppo-Latakia-Aleppo

Zug No.	Bemerkungen	Verkehrtage	von	Abfahrt	Über	Nach	Ankunft
42	Trainset	täglich	Aleppo	06:00	Non Stop	Latakia	08:30
242	Regiobahn	täglich	Aleppo	06:48	Bischmaron	Latakia	10:08
246	Regiobahn	täglich	Aleppo	15:50	Bischmaron	Latakia	19:22
44	Trainset	täglich	Aleppo	17:30	Non Stop	Latakia	20:07
41	Trainset	täglich	Latakia	06:25	Non Stop	Aleppo	09:04
243	Regiobahn	täglich	Latakia	07:10	Bishmaron	Aleppo	10:50
245	Regiobahn	täglich	Latakia	15:40	Bishmaron	Aleppo	19:16
45	Trainset	täglich	Latakia	17:25	Non Stop	Aleppo	20:00

- Aleppo-Damaskus-Aleppo

230	Regiobahn	täglich	Aleppo	00:10	Hama u. Homs	Damaskus	06:24
170	Schnellzug	täglich	Aleppo	03:50	Hama u. Homs	Damaskus	08:54
10	Trainset	täglich	Aleppo	05:40	Hama u. Homs	Damaskus	09:40
12	Trainset	täglich	Aleppo	10:10	Hama u. Homs	Damaskus	14:33
16	Trainset	täglich	Aleppo	16:45	Hama u. Homs	Damaskus	21:02
231	Regiobahn	täglich	Damaskus	00:01	Homs u. Hama	Aleppo	05:58
7	Trainset	täglich	Damaskus	06:50	Homs u. Hama	Aleppo	11:29
173	Schnellzug	täglich	Damaskus	15:10	Homs u. Hama	Aleppo	20:23
11	Trainset	täglich	Damaskus	16:50	Homs u. Hama	Aleppo	20:50
13	Trainset	täglich	Damaskus	20:40	Homs u. Hama	Aleppo	01:08

- Aleppo-Al-Qamishli-Aleppo

255	Regiobahn	täglich	Aleppo	22:10	Ar'Raqqa, Deir-Ez-Zor u. Al-Hasakeh	Al-Qamishli	05:55
256	Regiobahn	täglich	Al-Qamishli	21:50	Al-Hasakeh, Deir-Ez-Zor u. Ar'Raqqa	Aleppo	05:28

Anhänge

Zug No.	Bemerkungen	Verkehrtage	von	Abfahrt	Über	Nach	Ankunft
• Aleppo-Maydan Ikbis-Aleppo							
663	Regioban	täglich	Aleppo	15:15		MaydanIkbis	18:42
660	Regioban	täglich	Maydan Ikbis	06:30		Aleppo	09:40
• Aleppo-Ar Ra´y-Aleppo							
769	Regioban	Do, Fr, Sa	Aleppo	15:45	Muslimiya	Ar Ra´y	17:12
768	Regioban	Do, Fr, Sa	Ar Ra´y	17:50	Muslimiya	Aleppo	19:22
• Aleppo-Homs-Aleppo							
174	Regiobahn	täglich	Aleppo	15:35	Hama	Homs	18:17
171	Regiobahn	täglich	Homs	07:05	Hama	Aleppo	09:55
• Aleppo- Deir-Ez-Zor- Aleppo							
57	Trainset	täglich	Aleppo	16:10	Ar´Raqqa	Deir-Ez-Zor	20:21
56	Trainset	täglich	Deir-Ez-Zor	06:46	Ar´Raqqa	Aleppo	10:57
• Aleppo-Tartus-Aleppo							
40	Trainset	Fr., Sa., So.	Aleppo	04:05	Latakia (06:49)	Tartus	08:00
47	Trainset	Fr., Sa., So.	Tartus	19:00	Latakia (20:10)	Aleppo	22:45
• Damaskus-Latakia-Damaskus							
23	Außerbetrieb	Do. und Sa.	Damaskus	14:50	Tartus, Baniyas u. Jablah	Latakia	19:55
125	Trainset	täglich	Damaskus	15:50	Tartus, Baniyas u. Jablah	Latakia	20:55
120	Trainset	täglich	Latakia	01:30	Jablah, Baniyas u. Tartus	Damaskus	06:46
22	Außerbetrieb	Sa. und So.	Latakia	05:30	Jablah, Baniyas u. Tartus	Damaskus	10:35

Anhänge

- **Damaskus- Al-Qamishli- Damaskus**

Zug No.	Bemerkungen	Verkehrtage	von	Abfahrt	Über	Nach	Ankunft
183	Regiobahn	Täglich	Damaskus	18:15	Homs, Hama, Aleppo-Al Ansari(Abf. 00:47), Ar'Raqqa, Deir-Ez-Zor u. Al-Hasakeh	Al-Qamishli	08:41
184	Regiobahn	täglich	Al-Qamishli	18:10	Al-Hasakeh, Deir-Ez-Zor, Ar'Raqqa, Aleppo-Al Ansari (Abf. 01:55), Hama u. Homs	Damaskus	08:18

- **Al-Qamishli- Al-Hasakeh- Al-Qamishli**

Zug No.	Bemerkungen	Verkehrtage	von	Abfahrt	Über	Nach	Ankunft
362	Regiobahn	Täglich	Al-Qamishli	06:35		Al-Hasakeh	07:36
363	Regiobahn	täglich	Al-Hasakeh	14:20		Al-Qamishli	15:20

- **Latakia-Tartus-Latakia**

Zug No.	Bemerkungen	Verkehrtage	von	Abfahrt	Über	Nach	Ankunft
282	Außerbetrieb	So,Mo,Di,Mi,Do	Latakia	08:45	Jablah u. Baniyas	Tartus	09:50
284	Trainset	täglich	Latakia	15:15	Jablah u. Baniyas	Tartus	16:20
386	Außerbetrieb	nur am Do.	Latakia	16:10	Jablah u. Baniyas	Tartus	17:20
286	Außerbetrieb	So.,Mo.,Di.,Mi.	Latakia	18:05	Jablah u. Baniyas	Tartus	19:10
288	Außerbetrieb	nur am Sa.	Latakia	20.10	Jablah u. Baniyas	Tartus	21:19
281	Trainset	täglich	Tartus	06:25	Baniyas u. Jablah	Latakia	07:34
383	Außerbetrieb	nur am So.	Tartus	07:30	Baniyas u. Jablah	Latakia	08:40
283	Außerbetrieb	So,Mo,Di,Mi,Do	Tartus	10:15	Baniyas u. Jablah	Latakia	11:20
285	Außerbetrieb	So.,Mo.,Di.,Mi.	Tartus	16:45	Baniyas u. Jablah	Latakia	17:50
287	Außerbetrieb	nur am Sa.	Tartus	17:40	Baniyas u. Jablah	Latakia	18:48

Anhänge

Zug No.	Bemerkungen	Verkehrtage	von	Abfahrt	Über	Nach	Ankunft
• **Tartus-Hama-Tartus**							
235/226		Nur Fr. u. Feiertage	Tartus	19:30	Homs	Hama	23:42
225/232		Nur Fr. u. Feiertage	Hama	06:00	Homs	Tartus	10:23

Anhang 4: Zug-Fahrplan in Syrien, Stand 05.2010

Quelle: http://www.syrische-eisenbahn.de/SyrianRailways/CFS/Fahrplan/CFS-Fahrplan.htm, Eigenbearbeitung

5. Fahrplan der Züge bei der Eisenbahngesellschaft zu den Nachbarländern, Stand 2010

Zug No.	Bemerkungen	Von	Abfahrt	Über	Nach	Ankunft
757	Außerbetrieb	Gaziantep (Türkei)	21:00 jeden Donnerstag	Nusaybin (TR)	Al Qamishli	06:55 Freitag
757	Außerbetrieb	Al-Qamishli	07:40 jeden Freitag	Al-Ya'rubiyeh (09:27-10:15)	Mosul (Irak)	14:15 Freitag
758	Außerbetrieb	Mosul(Irak)	12:00 jeden Dienstag	Al-Ya'rubiyeh (16:00-17:00)	Al-Qamishli	18:57 Dienstag
758	Außerbetrieb	Al-Qamishli	19:40 jeden Di.	Nusaybin (TR)	Gaziantep (Türkei)	05:40 Mi.
61	Trainset.	Aleppo	05:00 Fr.& Di.	Muslimiya- Ar Ra'y (06:20-07:05)- Çöbanbey	Gaziantep (Türkei)	10:00 Fr.&Di.
62	Trainset.	Gaziantep (Türkei)	20:30 Fr.& Di.	Çöbanbey- Ar Ra'y (23:30-00:05)- Muslimiya	Aleppo	01:25 Sa.&Mi.
69		Aleppo	03:00 Fr.	Maydan Ikbis (05:51- 07:00), Adana (11:18-11:25)	Mersin (Türkei)	12:20 Fr.
68		Mersin (Türkei)	23:00 Fr.	Adana (23:56-00:05), Maydan Ikbis (04:44-05:55)	Aleppo	08:20 Sa.
67		Damaskus	08:32 Mo.	Aleppo (13:43-13:50), Maydan Ikbis, u. Türkei	Teheran (Iran)	01:45 Mi.
66		Teheran (Iran)	21:25 Mo.	Türkei, Maydan Ikbis, u. Aleppo (02:45-07:10)	Damaskus	12:23 Do.
65		Aleppo	11:10 Di.	Maydan Ikbis und Türkei	Istanbul (Türkei)	17:55 Mi.
66		Istanbul (Türkei)	08:55 So.	Maydan Ikbis (Türkei)	Aleppo	15:36 Mo.

Anhang 5: Zugverbindung zwischen Syrien und den Nachbarländern

Quelle: http://www.syrische-eisenbahn.de/SyrianRailways/CFS/Fahrplan/CFS-Fahrplan.htm, Eigenbearbeitung

6. Fahrpreise in Züge der syrischen Eisenbahngesellschaft

- Aleppo-Latakia / Latakia-Aleppo

Zug No.	1 Klasse	2 Klasse
41/42	135 SP / 2,07 €	105 SP/ 1,61 €
44/45	135 SP / 2,07 €	105 SP/ 1,61 €
46/49	135 SP / 2,07 €	105 SP/ 1,61 €
412/417	85 SP / 1,30 €	55 SP/ 0,84 €
414/415	85 SP / 1,30 €	55 SP/ 0,84 €
420/411	85 SP/ 1,30 €	55 SP/ 0,84 €
242/243	70 SP / 1,07 €	50 SP/ 0,77 €
246/245	70 SP / 1,07 €	50 SP/ 0,77 €

- Aleppo-Damaskus / Damaskus-Aleppo

Zug No	1 Klasse	2 Klasse	Schlafwagen
10/11	300 SP/ 4,61 €	250 SP/ 3,84 €	kein Bettabteil im Trainset
70/73	180 SP/ 2,76 €	140 SP/ 2,15 €	570 SP/ 8,76 € pro Bett
7/12	180 SP/ 2,76 €	140 SP/ 2,15 €	570 SP/ 8,76 € pro Bett
30/31	110 SP/ 1,70 €	75 SP/ 1,15 €	505 SP/ 7,76 € pro Bett.
83/84	110 SP/ 1,70 €	75 SP/ 1,15 €	505 SP/ 7.76 € pro Bett

- Aleppo-Al-Qamishli oder Al-Qamishli-Aleppo

Zug No.	1 Klasse	2 Klasse	Schlafwagen
253/256 83/84	175 SP/ 2,69 €	115 SP/ 1,76 €	535 SP/ 8,23 € pro Bett

- Aleppo- MaydanIkbis oder MaydanIkbis- Aleppo

Zug No.	1 Klasse	2 Klasse
660/663	45 SP/ 0,69 €	30 SP/ 0,46 €

- Aleppo-Afrin-Aleppo

Zug No.	1 Klasse	2 Klasse
665/664	40 SP/ 0,65 €	25 SP/ 0,40 €

- **Aleppo-Tartus-Aleppo**

Zug No.	1 Klasse	2 Klasse
40/47	215 SP / 3 €	180 SP/ 2,8 €

- **Damaskus-Latakia oder Latakia-Damaskus**

Zug No.	1 Klasse	2 Klasse
20/21- 22/25	120 SP/ 1,84 €	80 SP/ 1,23 €

- **Latakia-Tartus oder Tartus-Latakia**

Zug No.	1 Klasse	2 Klasse
281/284	40 SP / 0,62€	25 SP / 0,38 €

- **Tartus- Hama oder Hama- Tartus**

Zug No.	1 Klasse	2 Klasse
235/226 225/232	65 SP / 1,00 €	40 SP / 0,62 €

- **Al-Qamishli-Al-Hasakeh oder Al-Hasakeh-Al-Qamishli**

Zug No.	1 Klasse	2 Klasse
362/363	30 SP / 0,5 €	20 SP / 0,35 €

- **Aleppo -Deir-Ez-Zor oder Deir-Ez-Zor- Aleppo**

Zug No.	1 Klasse	2 Klasse
56/57	185 SP / 2,84 €	140 SP / 2,15 €

- **Aleppo -Adana- Mersin oder Mersin- Adana- Aleppo**

Zug No.	1 Klasse	Schlafwagen
64/69	875 SP / 14,77 €	1625 SP / 27,43 €
Für Kinder zwischen 4 -10 Jahre: 440 SP in der 1 Klasse		
Für Kinder zwischen 4 -10 Jahre: 1190 SP im Schlafwagen		

Anhänge

- Aleppo -Gaziantep oder Gaziantep- Aleppo

Zug No.	1 Klasse	2 Klasse
neu	625 SP/ 9,60 €	575 SP/ 8,85 €
Für Kinder zwischen 4 -10 Jahre: 50 % Ermäßigung		
Für Reisegruppen: 20 % - 30 % Ermäßigung		

- Al Qamishly -Mosul oder Mosul- Al Qamishli

Zug No.	1 Klasse	Schlafwagen
757/758	1495 SP/ 23,00€	2470 SP/ 38,00 €

- Damaskus -Teheran oder Teheran- Damaskus

Zug No.	1 Klasse	Schlafwagen
67/66	3120 SP/ 48,09 €	4160 SP / 64,09 €
Für Kinder unter 4 Jahre: 90 % Ermäßigung		
Für Reisegruppen: 30 % Ermäßigung		

Anhang 6: Fahrpreise bei der syrischen Eisenbahngesellschaft, Stand 05.2010

Quelle: http://www.syrische-eisenbahn.de/SyrianRailways/CFS/Fahrplan/CFS-Fahrplan.htm, Eigenbearbeitung

Anhänge

7. Fahrkarten bei der syrischen Eisenbahngesellschaft

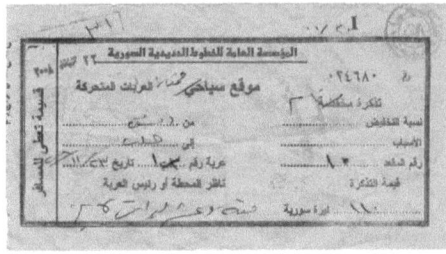

Fahrkarte No.24680 der CFS, Ausgestellt am 22.November 2008 um 09:11, von Damaskus nach Aleppo, erste Klasse, Kostet 110 syrische Lira, Abfahrt am 23.November.2008, Waggon Nr.1 Sitz Nr.10

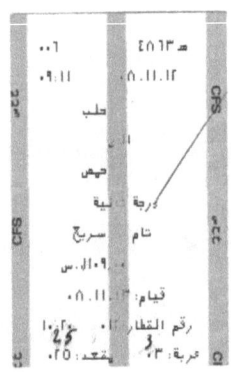

Fahrkarte No.4863 der CFS, Zug-Nummer 11, Ausgestellt am 12.November 2008 um 09:11, von Aleppo nach Homs, zweite Klasse, Kostet 109 syrische Lira, Abfahrt am 13.November.2008 um 10:20 Uhr. Waggon No.3 Sitz No.25

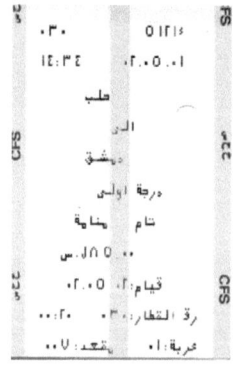

Fahrkarte No.5121 der CFS, Zug-Nummer 30, Ausgestellt am 1.Mai.2002 um 14:34, von Aleppo nach Damaskus, Ersteklasse, Kostet 85 syrische Lira, Abfahrt am 2.Mai.2002 um 00:20 Uhr. Waggon No.1 Sitz No.7

Anhang 7: verschiedene Fahrkarten bei der syrischen Eisenbahngesellschaft

Quelle: http://www.syrische-eisenbahn.de, Zugriff 08,09,2010

i want morebooks!

Buy your books fast and straightforward online - at one of world's fastest growing online book stores! Environmentally sound due to Print-on-Demand technologies.

Buy your books online at
www.get-morebooks.com

Kaufen Sie Ihre Bücher schnell und unkompliziert online – auf einer der am schnellsten wachsenden Buchhandelsplattformen weltweit! Dank Print-On-Demand umwelt- und ressourcenschonend produziert.

Bücher schneller online kaufen
www.morebooks.de

VDM Verlagsservicegesellschaft mbH
Heinrich-Böcking-Str. 6-8
D - 66121 Saarbrücken

Telefon: +49 681 3720 174
Telefax: +49 681 3720 1749

info@vdm-vsg.de
www.vdm-vsg.de

Printed by Books on Demand GmbH, Norderstedt / Germany